天工开物
[明]宋应星 著
张平 徐俭 杜淑贤 包霞 编
U0397648
上海教育出版社
SHANGHAI EDUCATIONAL PUBLISHING HOUSE

阅读传世之作，学会从寻常中发現不寻常；聆听先賢之音，学会从无疑中寻疑。

尹后庆 壬寅秋

出版说明

大语文时代，阅读的重要性日益凸显。中小学生阅读能力的培养，已经越来越成为一个受到学校、家长和社会广泛关注的问题。学生在教材之外应当接触更丰富多彩的读物已毋庸置疑，但是读什么？怎样读？仍然是一个处于不断探索中的问题。

2020年4月，教育部首次颁布了《教育部基础教育课程教材发展中心 中小学生阅读指导目录(2020年版)》(以下简称《指导目录》)。《指导目录》“根据青少年儿童不同时期的心智发展水平、认知理解能力和阅读特点，从古今中外浩如烟海的图书中精心遴选出300种图书”。该目录的颁布，在体现出国家对中小学生阅读高度重视的同时，也意味着教育部及相关专家首次对学生“读什么”的问题做出了一个方向性引导。该目录的推出，“旨在引导学生读好书、读经典，加强中华优秀传统文化、革命文化和社会主义先进文化教育，提升科学素养，打好中国底色，开阔国际视野，增强综合素质，培养有理想、有本领、有担当的时代新人”。

上海教育出版社作为一家以教育出版为核心业务的出版单位，数十年来致力于为教育领域提供各种及时、可靠、实用、多样的图书产品，在学生阅读这一板块一直有所布局，也积累了一定的经验。《指导目录》颁布后，上教社尽自身所能，在多家兄弟出版社和相关机构的支持下，首期汇聚起其中的100余种图书，推出“中小学生阅读指导目录”系列，划分为“中国古典文学”“中国现当代文学”“外国文学”“人文社科”“自然科学”“艺术”六个板块，按照《指导目录》标注出适合的学段，并根据学生的需要做适当的编排。丛书拟于一两年内陆续推出，相信它的出版，将会进一步充实上教社已有的学生课外阅读板块，为广大学生提供更经典、多样、实用、适宜的阅读选择。

编 者

导　读

《天工开物》是我国历史上百科全书式的技术和工艺专著，凝练了中国历代先民生产生活的经验和智慧。

这本现代汉语版《天工开物》非常准确传神地表达了原作的精义。以今天的视角看，这本《天工开物》又是一本科普专著，里面有非常多的章节对生产过程及其加工工艺的技术原理及工艺诀窍做了入微的描述，让人知其方法，明其原理。这样一种大家一看能懂的工艺和技术普及仍然是我们今天科学普及的重要内容。

此外，本书的一大亮点是在保持原著特色的基础上按中小学生的阅读习惯进行编写，所以非常适合作为中小学生进行项目化学习、大单元学习、跨学科学习的参考读物。

上海市科普作家协会副理事长　江世亮

序

《天工开物》是我国古代关于农业和手工业生产方面的技术专著。作者宋应星是明代一位对技术与工艺颇有研究并加以细致阐释的专家。书中强调人类要与自然协调、人力要与自然力配合。

本书分为三卷十八篇，分别记载了明代中叶以前中国古代农业、手工业方面的各种技术。例如，机械、陶瓷、砖瓦、硫黄、烛、纸、兵器、火药、染色、纺织、制盐、榨油、采煤等。

书中记录了很多培育水稻、大麦、豆类等新品种谷物的案例，研究了土壤、水分、气候、栽培技术对谷物品种变化的影响，还记录了不同品种蚕蛾杂交的案例。大量事实证明人类活动可以改变动植物的品种和特性，得出“土脉历时代而异，种性随水土而分”的科学见解。

书中记录的劳动工具和生产方法中蕴含了很多知识与技艺。例如，在提水工具（筒车、风车）、船舵、灌钢、泥型铸釜、失蜡铸造中蕴含了很多力学、热学等物理学知识。在排除煤矿瓦斯、盐井中吸卤器、熔融、提盐法、锌的冶炼法中蕴含了很多化学知识。在水稻、大麦、豆类种植，蚕蛾养殖中蕴含了很多生物学知识……

书中详细叙述了各种农作物和手工业原料的种类、产地、生产技术和工艺装备，以及一些生产与组织的经验。例如，第一卷中记载了谷物、豆、麻的栽培和加工方法，蚕丝、棉苎的纺织和染色技术，制盐、制糖方法。第二卷记载了砖、瓦、陶瓷的烧制，车、船的建造，金属的铸锻，煤炭开采，石灰的烧制，榨油、造纸方法等。第三卷记载了金属的开采和冶炼，兵器的制造，颜料、酒、酒曲的生产，以及珠玉的采集与加工等。

为了让中小学生更好地了解我国古代劳动人民的智慧，了解我国古代的科技文明，了解我国古代社会的风土人情，了解我国古代的文化，了解我国古代社会的发展变化，编者对原著内容进行了改编，精选了原著中浅显的工艺与技术部分内容，辑录成本书。目的是有利于中小学生领略中国古代农业和手工业在发展过程中产生的科学思想、科学方法与丰富的科学技术知识。书中很多主题可以作为中小学生进行项目式、主题式、研究性学习的蓝本，以提高自己分析和解决问题的能力，也可以结合现代科技的发展，作为集体项目进行研究，以培养自己的团队意识、团队协作能力，发展自己解决真实问题的能力。同时，书末所附的原著内容可供学有余力的学生阅读与思考，溯源中国科学与技术进展的步伐，拓宽眼界，创造未来。

中国科学院院士

2022年9月

目 录

第一卷

本卷记载谷物、豆、麻的栽培和加工方法，蚕丝、棉苎的纺织和染色技术，以及制盐、制糖工艺。

第一篇　谷物的栽培

本篇主要介绍水稻和小麦的种植、栽培技术以及各种农具、水利灌溉器具，同时介绍了黍、粟、菽(豆类)等副食品，尤其对南方水稻的种植技术进行了详细的介绍。

上古传说中发明农业生产的神农氏，好像真的存在过又好像没有存在过。然而，仔细体会这个赞美开创农耕人的尊称，就能理解“神农”两字至今仍然有着十分重要的意义。

人类生存要依靠五谷。五谷不能仅靠自然生长，需要人类有计划地去种植。经过漫长的变化，土壤的性质、谷物的种类与特性都会随着水土的变化而发生变化。从神农时代到唐尧时代，人们食用五谷已经长达千年之久，神农氏教导天下百姓耕种，使用耒耜等耕作工具的便利方法难道还有什么不清楚吗？可是，后来不断出现的许多良种谷物，一定要等到后稷出来才得到详细说明，这其中又是什么原因呢？

谷物并不特指某一种粮食。百谷是说谷物种类繁多，这是就谷物的总体而言的。五谷是指麻、菽、麦、稷、黍，其中唯独漏掉了稻，可能是著书的先贤是西北地区的人。现在全国百姓所吃的粮食中，稻米已占了十分之七，小麦、大麦、黍、稷共占十分之三。麻和豆已列为蔬菜、糕饼、脂油等副食品，依然将它们归入五谷，只是沿用古代的说法而已。

第一章　稻

第一节　稻 的 种 类

稻的种类有很多。不黏的，禾叫秔稻，米叫粳米；黏的，禾叫徐稻，米叫糯米。酒是用糯米酿制的。俗名叫“婺源光”的本来属于粳稻的一种，晚熟且带黏性，但不能用来做酒，只能用来煮粥，这是另一类稻种。稻谷的形状有长芒、短芒。在江南地区，长芒稻称为“浏阳早”，短芒稻称为“吉安早”，长粒、尖粒、圆顶、扁粒等种类不一。其中米的颜色有雪白、淡黄、大赤、淡紫和灰黑等多种。

浸种期，最早的是在春分前，称为社种，遇到天寒时节会被冻死而不能生长。最晚的是在清明后。播种时，先用稻草或麦秆包好种子，放在水里浸泡几天，等发芽后再撒播到秧田里。苗长到一寸多，称为秧。秧龄满三十天，即可拔起分插。如果稻田遇到干旱或者水涝，都不能插秧。秧苗过了育秧期就会变老而拔节，这时候，即使再插到田里，结谷也很少。通常一亩秧田培育的秧苗，可供移插二十五亩田。

插秧后，早熟的品种大约七十天就能收割，粳稻有“救公饥”“喉下急”等品种，糯稻有“金包银”等品种。各地的品种叫法多样，难以尽述。最晚熟的品种，要历经夏天到冬天共二百多天才能收割。在广东南部的水稻可以在冬季播种，到来年夏季五月收获，因为那里终年没有霜雪。如果水稻缺水十天，就会发生干旱。夏天种、冬天收的水稻，必须种在山间水源不断的田里，这类稻种生长期较长，土温也低，所以禾苗长势较慢。靠近湖边的田地，要等到夏季洪水过后，大约六月份才能插秧。其秧苗应在立夏时节播种，还要播在地势较高的秧田里，等汛期过后才能插秧。

南方平原的稻田，大多数是一年两栽两熟的。第二次插的秧，俗称晚糯稻，注意不是粳稻。六月割完早稻，田地经过犁耙后，插再生秧。这种秧是在清明时就和早稻秧同时播种的。早稻秧一天缺水就会死，而这种秧经过四月和五月两个月，任凭暴晒和干旱都不怕。晚稻遇到秋季晴天多时，就要经常不断地灌水。农家这样辛勤的劳动，是为了酿造春酒的需要。水稻缺水十天就会死掉。后来培育出一种旱稻，是不黏的粳稻，即使在高山上也能种植，这又是一种变异的类型。还有一种香稻，由于它有香气，通常专供富贵人家享用。但是，产量很低，也没有什么滋补的益处，不值得提倡。

第二节　稻　　宜

如果把稻子栽种在肥力贫瘠的稻田里，长出来的稻穗上的谷粒就会稀疏不饱满。勤劳的农民使用多种方法来增进稻田的肥力。常使用人畜的粪便、榨了油的枯饼以及草皮、树叶等作辅助肥力来促进水稻生长，全国各地都是这样做的。

枯饼是因被榨去了油的植物籽粒而得名的，其中芝麻籽饼、萝卜籽饼都是很理想的肥田材料，油菜籽饼肥田效果稍稍差点，油桐籽饼又差些，樟树籽饼、乌桕籽饼、棉花籽饼则更差些。

南方磨绿豆粉的农民，常用磨粉时滤出来的发酵的浆液来浇灌稻田，肥效相当不错。碰上豆子便宜时，将黄豆粒撒在稻田里，一粒黄豆腐烂后可以肥稻田九平方寸，这样所得的收益是所撒播黄豆成本的两倍。对长年受冷水浸泡的稻田——“冷水田”在插秧时，稻秧的根要用骨灰点蘸，禽骨、兽骨的骨灰都可以，再用石灰撒于秧脚，向阳的暖水田就不必这样操作。对土质坚硬的田，应把它耕成垄，可将土块叠起堆放在柴草上烧，对于黏土或土质疏松的稻田就不用作这样的处理了。

第三节 稻 工

凡是收割后不再耕种的稻田，应该在当年秋季翻耕、开垦，使稻茬腐烂在稻田里，这样所取得的肥效将是粪肥的一倍。如果秋天干旱没有水，或因懒散的农家误了农时，到第二年春天才翻耕，最终的收获就会减少。

在给稻田施肥的时候，就怕碰上连绵大雨，因为雨水一冲，肥分就会随水漂走。因此，密切关注并掌握天气变化，就要靠老农的智慧。稻田耕过一遍后，有些勤快的农民还要耕上第二遍、第三遍，然后再耙整田地，这样一来土质就会粉碎得很均匀，而其中的肥分也能均匀分散开了。

图1-1 耕(耕地)

图1-2 耙(碎土)

有的农民家里缺少畜力，两个人就在犁上绑一根杠子，两人一前一后拉犁翻耕，狠劲干一整天，才能抵得上一头牛的劳动效率。如果犁耕后缺少畜力，就做个磨耙，两人用肩和手拉着耙，这样干上一整天相当于三头牛的劳动效率。我国中原地区常有水牛与黄牛。水牛力气要比黄牛力气大一倍。但是，养水牛，冬季需要有牛棚来抵御酷寒，夏天还要有池塘供它洗澡，养水牛所花费的心力，也要比养黄牛的多一倍。在立春之前，耕牛耕地时用力过度出了汗，一定要注意千万不能让耕牛淋雨，将要下雨时就赶紧将耕牛赶进牛棚。等到过了谷雨节气后，任凭风吹雨淋耕牛也不怕了。

苏州一带的农民用铁锄代替犁，因此不用耕牛。我认为贫苦的农户，如果合计一下购买耕牛的本钱和水草饲料的费用以及被盗窃、生病和死亡等意外损失，还不如用人力耕作划算些。比方说，有牛的农户能耕种十亩农田，而没有牛的农户用铁锄，勤快些也能种上五亩。由于没有牛，在秋收后，

图1-3　耔(稻田壅根)

图1-4　耘(稻田拔草)

农户也省得在田里种牛饲料及放牧等麻烦事，可以腾出人手来种植豆、麦、麻、蔬菜等作物。这样，用二次收获来补偿荒废了的那一半田地的损失，似乎也就与有牛的家庭差不多了。

水稻插秧后，几天内旧叶会变得枯黄而长出新叶。新叶长出后，就可以耔田了，俗称"挞禾"。农民手拄木棍，用脚把泥培在稻禾根上，并且把田里的小杂草踩进泥里，使它不能生长。稻田里的稗草等杂草，用这样的方法就可以轻松解决。但是，稗草、苦菜、水蓼等杂草光靠脚力并不能除尽，必须紧接着进行耘田。耘田时人的腰和手会比较辛苦，认真分辨稻禾和稗草则要靠农民双眼。除净了杂草，禾苗就会长得茂盛。此后，还要排水防涝，灌溉防旱，再过一个月，就准备开镰收割了。

第四节 水 利

在"五谷"中，水稻最怕旱情，比其他谷物需要的水量更多。稻田的土质有沙土、黏土及地力贫瘠、肥沃的差别，各地情况不一样。有的稻田灌水三天后就干涸了，也有的半个月后才干涸。如果连续多天不降雨，就要靠人力引水浇灌。

靠近江河边的稻田常使用筒车来浇灌。先筑个堤坝阻挡水流，使水流冲击筒车下部的水轮让筒车旋转，并装水进入筒内，这样一筒筒的水便会倒进引水槽，然后流入稻田里。这样昼夜不停地引水，即便浇灌上百亩田地也不成问题。不用水时，可用木栓卡住水轮，不让水轮转动。

在没有流水的湖边、池塘边，有的农民使用牛力拉动转盘进而带动水车旋转，有的用几个人一齐踩踏来转动水车。较长的水车车身可达两丈，短的也有一丈。车内用龙骨连接一块块串板，笼住一格格的水使其向上逆行。用水车一人干一整天活，大概能浇灌五亩田，用牛力效率会高出一倍。

图 1-5　筒车汲水

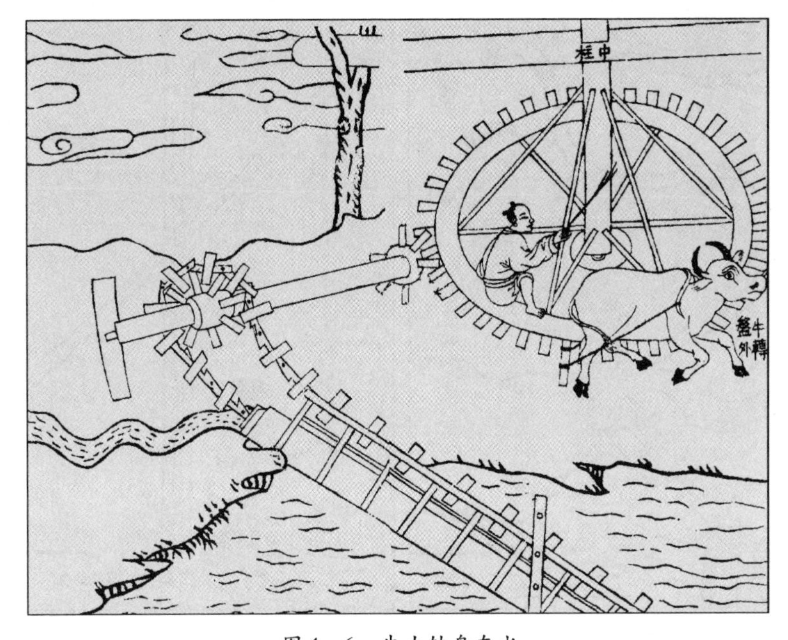

图 1-6　牛力转盘车水

图 1-7 踏车汲水(人车)

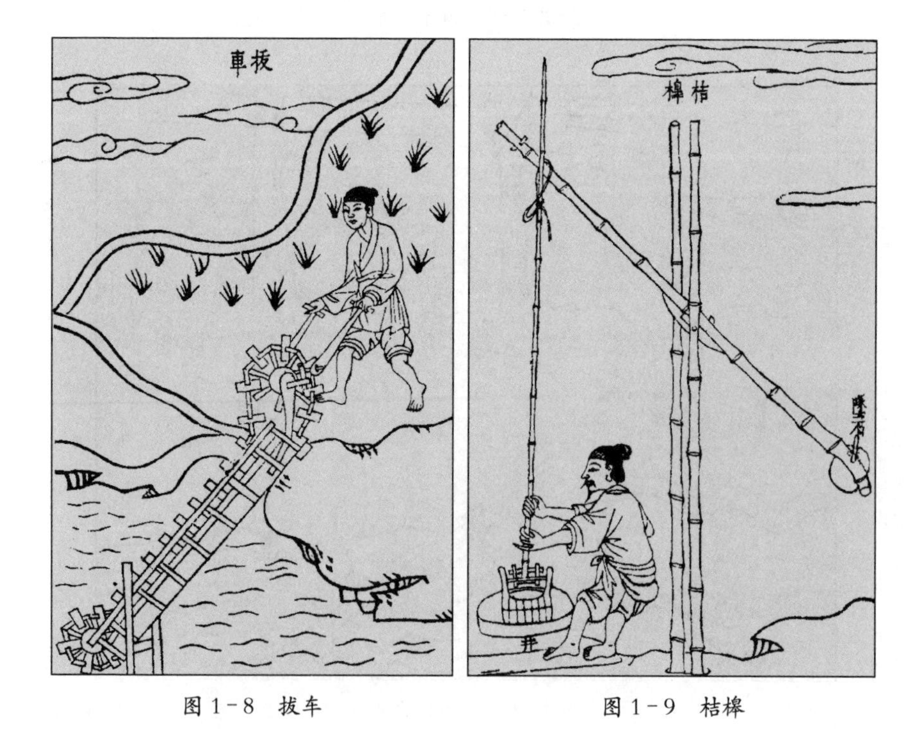

图 1-8 拔车

图 1-9 桔槔

对于浅水池和小水沟，如果安放不下长水车，就可以使用几尺长的手摇水车。农民用两只手握住摇把迅速转动，一天的工夫能浇灌两亩田。扬州一带使用风帆，以风力带动水车，刮风时水车旋转，风停止时水车不动。这种水车常用于排涝，即排除积水以便于作物生长。因为是用于排涝而不是用于取水灌溉的，所以不适于抗旱。使用桔槔和辘轳取水灌溉，那效率就更低了。

第二章　麦

第一节　麦的种类

麦子有多种。小麦叫“来”，是麦子中最主要的品种。大麦叫“牟”，也叫“穬”。其他的杂麦有叫“雀”，也有叫“荞”。由于播种时间相同，花的形状相似，又都是磨成面粉食用的，所以统称“麦”。

图 1 - 10　北方压盖麦种

在我国，河北、陕西、山西、河南、山东等地，百姓吃的粮食中，小麦占一半，而黍子、小米、稻子、高粱等加起来占一半。西向到四川、云南，东向到福建、浙江、江苏以及中部的江西、湖南、湖北等地区，方圆六千里中，种植小麦的大约占了二十分之一。把小麦磨成面粉做花卷、糕饼、馒头和汤面等，但一般正餐并不会吃这些食物。种植其他麦类的只有五十分之一，民间贫苦百姓拿来当早餐吃，富贵人家是不会吃的。

矿麦只产于陕西一带，又叫青稞，也就是大麦，随土质的差别，它的外表皮色会不同，陕西人专门用青黑色的大麦来喂马，只有在饥荒的时候人们才吃它。大麦也有一定的黏性，在黄河、洛水等地用它酿酒。大麦中的雀麦的麦穗比较细小，每个麦穗中又分别长出十多个小麦粒，它偶尔也有野生的。至于荞麦，实际上不算麦类，但人们也用它磨粉充饥，所以也就归为麦类。

北方的小麦，经历秋、冬、春、夏四季的气候变化，秋天播种后，要到第二年初夏时节方能收获。在南方，小麦从播种到收割的时间相对短一些。江南麦子晚间开花，江北麦子白天开花，这也算是一件奇事。大麦的播种和收割的日期与小麦基本相同。荞麦则在中秋时播种，不到两个月就可以收割了。荞麦苗遇到霜会被冻死，所以希望降霜的时间相对晚些，荞麦就有可能获得丰收。

第二节　麦　　工

在翻土整地后，种麦子与种水稻的工序基本相同。但是，播种后，水稻还需要多次壅根与拔草的勤苦劳作，麦田只要锄锄草就可以了。北方的土壤是容易耕作的疏松黑土，种麦的方法和工具都与种稻的不同，但耕和种是同时进行的。用牛拉着起土的农具，不装犁头，而装一根横木，在横木上并排安装两块尖铁，方言称为“镪”。“镪”的中间装一个小木斗，斗内盛麦种，斗底钻些梅花眼。牛走时摇动斗，种子就从梅花眼中撒下。如想要种得又密又多，就赶牛快走，种

图 1－11　北耕兼种(北方种麦的耕种农具)

子就撒得多;如要种得稀疏些,就让牛慢走,撒得种就少。播种后,用驴拖两个小石磙达到压土埋麦种的效果。土压紧了,麦种才能发芽。南方土壤与北方的不同,先多次耕耙麦田,然后用草木灰拌种,用手指拈着种子点播,接着用脚后跟把土踩实,这一步相当于北方用驴拉石磙子压土。

播种后,要勤于锄草。锄草要用宽面大锄。麦苗生出来后,锄得越勤麦苗才能长得越好,有的要锄三四次,杂草锄尽,田里的全部肥分就都被用于日后麦子能结成饱满的麦粒。多花工夫,勤奋劳作,野草就容易除净,这在南方和北方都是一样的。麦田应当预先施足基肥,在播种后就不要施肥了。陕西和河南洛水流域,怕害虫蛀蚀麦种,有用砒霜拌种的,但南方只用草木灰(俗称地灰)拌种。南方常采用在稻田里种麦子来肥田的,并不在乎能收获麦粒,因此在春小麦或大麦还处于青绿的麦苗期,就把它们整个翻入田里,作绿肥来改良土壤。如此,秋收时稻谷的产量必定能倍增。

图 1-12 耨(锄草)

麦收后的空隙,田里可以再种其他作物。从夏初到秋末,有近半年时间,完全可以因地制宜地来选种一些其他作物。南方就有在大麦收割后再种植晚熟粳稻的。农民的辛勤劳动,总会得到酬报。荞麦是在南方收割水稻后和北方收割豆或谷子后才种的。荞麦的特性是吸收肥料较多,会使土壤变贫瘠。但是,算下来,它的产量抵得上原先谷物的一半还多。为此,勤劳的农家愿意为收获荞麦而在土地中多施些肥料。

第三章 黍 稷 粱 粟

第一节 常见的谷物

各种粮食中，碾成粒而不磨成粉来食用的粮食品种有很多。相距仅几百里地，这些粮食的颜色、味道、形状和质量就大不一样了。虽然颗粒状粮食大同小异，但是名称有成百上千。北方人只把粳稻叫大米，其余的都叫小米。黍与稷同属一类，粱与粟又属同一类。黍也有黏的和不黏的之分，黏的可以酿酒；稷只有不黏的，没有黏的。黏黍、黏粟统称为“秫”，除了这两种外，还有叫“秫”的作物。黍有红色、白色、黄色、黑色等，有人专把黑黍称为稷，其实是不正确的。至于说因为稷米比其他谷类早熟，适宜于祭祀，因此把早熟的黍称为稷，这种说法还有点道理。

在《诗经》《尚书》中记载，黍有虋(mén)、芑、秬、秠等名称，现在的方言中也有牛毛、燕颔、马革、驴皮、稻尾等名称。黍最早的在三月下种，五月成熟；稍晚的也是在四月下种，七月成熟；最晚则是五月下种，八月成熟。开花和结穗的时间总是跟麦子(大、小麦)不同时。黍粒的大小是由土地肥力的厚薄、时令的好坏所决定的。宋朝的儒生刻板地以某个地区的黍粒为依据来规定度量的标准，这显然是不合适的。

粟与粱又统称黄米，其中黏粟还可用于酿酒。此外，有一种叫高粱的芦粟，那是因为它的茎秆高达七尺，很像芦、荻。粱粟的种类和名称比黍和稷的还要多。它们有的用人的姓氏或山水来命名,有的根据其形状和时令来命名,因此本文无法一一列举。山东人不知道粱粟有这些名称,把它们统称为谷子。以上四种颗粒状粮食,都是在春天播种,秋天收获的。它们的耕作方法与麦子的耕作方法相同,但播种和收割的时间与麦子相差很悬殊。

第二节 麻

既可以作粮食又可以作油料的麻类,只有大麻和胡麻两种。胡麻就是芝麻,相传是西汉时期从中亚地区传入的。古时把麻列为“五谷”之一,如果专指大麻,恰当吗?在我看来,古代《诗经》《尚书》中所说“五谷”中的麻,或者已经绝种了,或者就是豆、粟中的一种,后来逐渐被传错了名称,已很难断定了。

现在所种植的芝麻,味道很好,用途也广,即使把它摆在百谷的首位也并不过分。大麻仔榨不出多少油,麻皮做成的又是粗布,它的价值不大。芝麻只要有少量进肚,很久都不会饿。糕饼、糖果上粘点芝麻,就会味道美、质量高。芝麻油搽头发能使头发有光泽,吃了能增加脂肪,煮食能去腥臊而生香味,还能治疗毒疮。农家如果能多种些芝麻,那好处是说不尽的。

种植芝麻的方法,有的起畦,有的作垄。把土块尽可能地打碎并把杂草清除,然后用潮湿的草木灰拌匀芝麻种子来撒播。早种的芝麻在三月种,晚种的芝麻在大暑前播种。早种的芝麻要到中秋才能开花结实。除草全靠用锄头。芝麻有黑、白、红三种颜色。所结的果实,长约一寸。果实呈四棱的,果小粒少;呈八棱的,果大粒多。这都是由土地肥瘦所造成的,跟品种的特性没有关系。每石芝麻可榨油四十余斤,剩下的枯渣可用于肥田;若碰上饥荒的年份,还可供人食用。

第三节　菽

豆子的种类与稻、黍一样也很多，播种和收获的时间，在一年四季中接连不断。豆子可以填饱肚子，故被视为日常饮食中始终离不开的重要食品。

菽的一种是大豆，有黑色和黄色两种颜色，播种期都在清明节气前后。黄色的有“五月黄”“六月爆”“冬黄”三种。“五月黄”产量低，“冬黄”则要比它高一倍。黑色豆子一定要到八月才能收获，淮北地区跑长途运输的骡马，一定要吃黑豆，才能筋强力壮。

大豆收获的多少，要视土质的好坏、锄草勤与不勤、雨水充足与否而定。人们日常食用的豆豉、豆酱和豆腐都是以大豆为原料做成的。江南还有一种叫“高脚黄”的大豆，等到六月割了早稻后才种，九十月份便可收获。江西吉安一带大豆的种法十分巧妙，收割后的稻茬田竟不用翻耕，只在每蔸稻茬中用手指捅进三四粒种豆。稻茬所凝聚的露水滋润着种豆，豆子胚芽长出后，又有浸烂的稻根来滋养。豆子出苗后，遇到干旱无雨的时候，每蔸需浇灌约一升水。浇水后，再除草一次，就可以获得丰收了。大豆播种后没发芽之时，要防避鸠雀祸害，这时就得有人去驱赶。

菽的另一种是绿豆，像珍珠一样又圆又小，必须在小暑时分播种，如果在小暑以前就下种，豆秧就会蔓生至好几尺长，结的豆荚却非常少。如果过了小暑甚至到了处暑时才播种，那就会随时开花结荚，豆粒数目会很少。绿豆也有两个品种，一种叫“摘绿”，其豆荚先老的先摘，每天都要摘取。另一种叫“拔绿”，要等全部成熟后一起收获。把绿豆磨成粉浆，滤去浆水，晒干可制成淀粉、粉皮、粉条，这都是人们十分喜爱的食品。做豆粉剩下的粉浆水可用于浇灌田地，肥效很高。储藏绿豆种子，有的人用草木灰、石灰，有的人用马蓼，有人用黄土和种子拌匀后再收藏，这样，即使在四五月间也不必担心被虫蛀。勤快的人，每逢晴天就会把绿豆拿到太阳光下晾晒，这样也能避免虫蛀。

夏秋两季在已经收割后的稻田里种绿豆,必须使用接长了柄的斧头,将土块打碎,这样才能长出较稠的苗。绿豆播种后,如果当天遇上大雨,土壤板结后,就长不出豆苗来了。绿豆出苗后,要防止雨水浸泡,应该及时将田地里的水排出。种绿豆和大豆时,耕地要浅而不能太深。因为豆子是根短苗直的作物,耕土过深,豆芽就会被土块压弯,至少有一半长不出苗来。因此,“深耕”并不适用于豆类,这是以往农民所不曾了解的。

菽的一种是豌豆,这种豆有黑斑点,形状圆圆的,有点像绿豆,但个头比绿豆大。十月播种,第二年五月份收获。在春天出叶晚的落叶树下也可以种植。

还有一种是蚕豆,它的豆荚像蚕形,豆粒比大豆要大。八月下种,第二年四月收获,浙江西部地区在桑树下普遍种植。本来有树叶遮盖,作物就长不好,但蚕豆和豌豆等到树叶繁茂时,已经结荚长成豆粒了。在湖北襄河和汉水上游一带,蚕豆种得很多,价格很便宜,常作粮食来吃,其价值并不比黍、稷小。

一种是小豆,红小豆入药有很高的特殊疗效,白小豆(也叫饭豆)可以当饭吃——煮饭时掺入后米饭会更好吃。小豆夏至时播种,九月份收获,大量种植于长江、淮河之间的地区。

一种是穞(lǚ)豆(现称稽豆),从前野生在田里,现在北方已经大量种植了。用来做淀粉、粉皮,可以抵得上绿豆。以前小商贩满大街叫卖“稽豆皮”,可见它的产量一定是很大的。

一种是白扁豆,它是沿着篱笆而蔓生的,也叫蛾眉豆。

其他还有豇豆、虎斑豆、刀豆与大豆中的青皮、褐皮等品种,仅在个别地方有种植的,就不一一详尽叙述了。这些豆类都是寻常百姓用来当作蔬菜或代替粮食的,关心自然又见识广博的读书人,不能忽视了它们。

第二篇　养蚕、织布与制衣

相传蚕丝是黄帝的妻子嫘祖发现的。她在桑树上看到吃桑叶的蚕，后来见蚕结了茧，把茧取下来，发现上面是一层层的丝，光亮又柔软。她想，如果能把丝抽下来织成布料一定很好，所以动手抽丝。但是，用手容易抽断，后来她把茧先用热水烫过后再抽，就很容易了。后来桑农把野蚕培养成家蚕，且采桑、养蚕、织布就成了传统妇女日常生活中重要的生产项目。

人们所穿衣服的原料都是由自然界提供的。其中属于植物的有棉、麻、葛，属于禽兽昆虫的有裘皮、毛、丝、绵。两者各占一半，衣服的原料非常充足。

如同天上织女纺纱织布那样的纺织技术，已经传遍了人间。人们把原料纺出带有花纹的布匹，又经过刺绣、染色而制成华美的锦缎。尽管织机普及天下，但是真正见识过提花机奥秘的又有多少呢？

像"治乱""经纶"这些词的原意，虽然文人学士自小就学习过，但他们都没有见过它们的实际形象，对此难道人们不感到遗憾吗？现在先讲养蚕的方法，让大家明白丝是从何而来的。大概人和衣服是相互映衬的，所以贵与贱自然分明，真的像是上天的安排啊。

第一章　养　蚕

第一节　蚕　　种

蚕由蛹变成蛾，需要经过约十天的时间才能破茧而出，雌蛾和雄蛾数目大致相等。雌蛾伏着不活动，雄蛾振动两翅飞扑，遇到雌蛾进行交配……相互分开后，雄蛾因精力枯竭而死，雌蛾立刻会产卵。可用纸或布来承接蚕卵，各地所用材质会有所不同（嘉兴和湖州地区用桑皮做的厚纸，第二年可以再用）。一只雌蛾可产卵二百多粒，所产下的蚕卵自然地粘在纸上，一粒一粒均匀铺开，无一堆积。养蚕的人会把蚕卵收藏起来，以备第二年用。

第二节　蚕　　浴

对蚕种用浸浴方式处理的只有嘉兴、湖州两个地方。湖州多采用天然露水浴法和石灰浴法，嘉兴则多采用盐水或卤水浴法。用从盐仓流出来的卤水约两升掺水后倒在一个盆盂内，让每张粘有蚕卵的纸浮在水面上（石灰浴仿照此法）。每逢腊月开始浸种，从腊月十二日至二十四日，共浸浴十二天，把蚕纸捞起，用微火将水分烤干。然后小心妥善保管在箱子或盒子里，不让蚕种受半点风寒湿气，一直等到清明节时才取出蚕卵进行孵化。天然露水浴的时间与前述方法相似。将粘有蚕卵的纸摊开平放在屋顶的竹篾盘上，将蚕纸的四角用小石块压住，任凭它经受风雨、霜雪、雷电，放够十二天后再收起来。用前述相同方法珍藏起来。大概是孱弱的蚕种经过浴种就会死亡而不成幼蚕，不会浪费桑叶，这样处理后的蚕自然吐丝较多。而对一年中孵化、饲养两次的“晚蚕”则不需要浴种。

第三节 种 忌

装蚕种的纸，是用四根竹棍或木棍做成的方架，将方架摊开后挂在高高的通风避阳光的房梁上，进而把蚕纸撑开。方架下面忌讳放桐油，也不能有烟煤火气。冬天要避免雪的反射光映照，蚕卵一经雪光映照就会变成空壳。因此，遇到下大雪时，要赶紧将蚕种收藏起来，等到雪停并化了以后，依旧可把它们挂起来，一直等到十二月浴种后再进行收藏。

第四节 种 类

蚕分早蚕和晚蚕两种。晚蚕每年比早蚕先孵化五六天，结茧也在早蚕之前，但它的茧约比早蚕的茧轻三分之一。当早蚕结茧时，晚蚕已经出蛾产卵了，可用于继续喂养（晚蚕的蚕蛹不能吃）。用三种不同方法浸浴的蚕种，无论采用其中任何一种都要认真记准原来的标记，一旦弄错了，如将天然露水浴的蚕种放到盐卤水中进行盐浴，那么蚕卵就会全部变空，培育不出蚕来。

茧的颜色只有黄色和白色两种。四川、陕西、山西、河南等地有黄色的茧而没有白色的茧，嘉兴和湖州有白色的茧而没有黄色的茧。如果将白色茧的雄蛾和黄色茧的雌蛾交配，它们的下一代就会结出褐色的茧。黄色的蚕丝如果用猪胰漂洗，也可以变成白色，但终究不能漂成纯白，也不能染上桃红色。

蚕茧的形状也有多种。晚蚕的茧结成束腰的葫芦形，经过天然露水浴的蚕结的茧像榧子形，也有的茧结得像核桃形。还有一种不怕吃带泥土的桑叶的蚕，叫“贱蚕”，吐丝反而会比较多。

蚕的体色有纯白、虎斑、纯黑、花纹等多种，吐丝都是一样的。现在的贫苦人家有用雄性早蚕蛾与雌性晚蚕蛾交配而培育出了良种。有一种野蚕，它不用人工饲养管理而能自己结茧，多产于山东的青州及沂水一带。当树叶枯黄时自然会长出野蚕蛾。用这种蚕吐的丝织成的衣服，能防雨且耐脏。野蚕蛾钻出茧后就飞走，不在蚕纸上产卵传种。别的地方也有野蚕，只是不多罢了。

第五节 抱 养

清明节过后三天，蚕卵不必依靠衣被的遮盖来保暖就可以自然地生出了。蚕室的位置最好是面向东南方，蚕室周围墙壁上透风的缝隙要用纸糊好，室内房顶上如果没有天花板的要装上天花板。遇到天气寒冷温度低的时候，蚕室内还要用炭火加温。喂养初生的蚕宝宝，要把桑叶切成细条。切桑叶的砧板可用稻麦秆捆扎成，这样就不会损坏刀口。摘回来的桑叶要用陶瓮、陶坛子装好，不要被风吹干了水分。

蚕在“二眠”前，饲养在竹筐中的蚕必须要有清洁的环境，因此要经常清除竹筐内残叶与蚕粪等不洁之物。这就需要将蚕从原竹筐挪移至另一干净竹筐，这一操作称作“腾筐(除沙)”。腾筐的方法都是用尖圆的小竹筷子把蚕轻轻夹到干净的竹筐中。“二眠”后就可以直接用手捡。腾筐次数的多少关键在于人是不是真的勤劳。如果懒得腾筐，堆积的残叶和蚕粪太多，就会变得湿热，有时往往会把蚕给压死。蚕总是先吐丝后一齐睡眠。这个时候腾筐，需要把零碎的残叶拣干净，如果还有黏着丝的残叶留下来，蚕醒后，哪怕只吃一口残叶也会得病甚至胀死。“三眠”后，如果天气炎热，就应赶快搬到宽敞凉爽的房间里，但也忌受风。“大眠”后，要喂食十二次桑叶后再腾筐，腾筐次数太多，会使蚕吐的丝变得粗糙。

第六节　养　忌

蚕既害怕香味，又害怕臭味。如果烧骨头或掏厕所的臭味顺风飘来，往往会把蚕熏死。隔壁人家煎咸鱼或不新鲜的肥肉之类的气味也能把蚕熏死。灶里烧煤炭或香炉里燃沉香、檀香，这些气味也会把蚕熏死。懒妇的便桶摇动时散发出的臭气，也会损伤蚕。如果是刮风，蚕怕西南风，西南风太猛时，满筐的蚕会被冻僵。每当臭气袭来时，要赶紧烧起残桑叶，用烟来抵挡。

第七节　叶　料

桑树在每个地方都可以生长。浙江嘉兴和湖州用压条的方法培植桑树，选当年桑树的侧枝用竹钩坠挂，使它逐渐接近地面，到了冬天就用土压住枝条。第二年春天，每节树枝都能长出根来，这时便可以剪开再进行移植。用这种方法培植成的桑树，养分都会聚集在叶片上，不会开花结实。为了便于剪摘桑树叶子，可以等到桑树长到七八尺高时，就截去树尖，以后繁茂的枝叶就会披散下来，不必登梯爬树也能随手扳摘、采叶。当然，也可以用桑树的种子进行种植，等到立夏时紫红色的桑葚果子成熟，摘下来后用黄泥水搓洗，然后连水一块浇灌在地里，当年秋天桑树幼苗就可以长到一尺多高，第二年春天再进行移栽。如果浇水施肥较频繁，枝叶也容易长得茂盛。但其中也有开花结果的，叶子就会薄而又少。还有一种桑树名叫花桑，叶子太薄不能用，但这种桑树通过嫁接也能长出厚叶来。

另外，还有三种柘树的叶子，可以弥补桑叶的不足。柘树在浙江并不常见，而在四川最多。穷苦人家饲养的蚕在浙江种的桑叶不够喂时，也让蚕吃柘树叶，同样能将蚕喂养大。琴弦和弓弦都是采用喂柘叶的蚕所吐之丝做的，所得的蚕茧名叫“棘茧”，据说这种蚕丝最为坚韧。

采摘桑叶，必须用剪刀，以嘉兴桐乡出的铁剪刀最为锋利，其他地方出产的都比不上桐乡的好。桑树经过剪枝后，新生枝条一个月后就会长出许多叶子，枝条很茂盛，而且还便于采摘。再生枝条的桑叶，农历五月便可用于喂养晚蚕，那时只采摘桑叶而不再进行剪枝。第二茬的桑叶在摘取后，第三茬叶子到秋天又长得很茂盛，浙江人让它经霜自落，然后将落叶全都收拾起来，用于饲养绵羊，以剪取更多羊毛，从而能获得更加可观的收益。

第八节 食　　忌

蚕到大眠后，就可以直接吃潮湿的桑树叶子了。下雨天摘来的叶子，也可以随便放在地上拿来给它们吃；天晴时摘来的叶子，还要用水淋湿后再去喂蚕，这样结出的丝更有光泽。但是，在还没有到“大眠”的时候，雨天摘来的桑叶要用绳子悬挂在通风的屋檐下，经常抖动绳子，让风吹干。如果是用手掌轻轻拍干的，叶子就不会新鲜滋润了，将来蚕吐的丝也就没有什么光泽。喂养蚕的时候，一定要让蚕在睡眠前吃饱，在蚕睡醒后，即使晚半天喂叶子也不会有什么影响。雾天里潮湿的桑树叶子对蚕的危害很大，因此一旦看见早晨有雾，就一定不要再去采摘桑叶。等雾散后，无论晴雨都可以对桑叶进行剪摘。带露珠的桑叶要等太阳出来把露水晒干后再进行剪摘。

第九节 病　　症

蚕在卵期受的病害，已经在前面谈过了。蚕孵化出来后要防止湿热、堆压，这关键在于养蚕人的工作状况。在蚕“初眠”腾筐时，用漆盒装的，就不要盖上盖，以便水分蒸发。蚕将要发病时，脑部会透明发亮，全身发黄，头部渐渐变大而尾部慢慢变小。此外，有些蚕在该睡眠的时候仍然游走不眠，吃的桑叶又不多，这些都是病态的表现。应挑拣出来并扔掉，以免传染蚕群。健康而色泽美好的蚕一定会在叶面上睡眠，压在桑叶下面的蚕，不是体弱，就是不健康，所结的蚕茧也薄。那种结茧、吐丝都不按规则形状排列而是胡乱吐丝结成松散丝窝的，是不正常的蚕而不是懒于活动的蚕。

第十节　老　　足

当蚕吃足了桑叶并日趋成熟时，要特别注意观察，分秒必争地捉蚕结茧，不可耽误时刻。蚕卵孵化多在辰、巳两时辰，即上午七点至十一点，所以老成的蚕结茧也多在这两个时辰。凡老熟的蚕胸部透明。要捉老成的蚕，如果捉的蚕嫩一分、不够成熟，吐丝就会少；如果捉的蚕过老一分，它已吐掉一部分丝，这样茧壳必然会比较薄些。捉蚕的人要善于分辨蚕的成熟程度，如果能做到一只不错才算高手。体色黑的蚕，即便到老成了，也看不见身体透明的部分，因此最难辨捉。

第十一节　结　　茧

处理蚕所结的茧时，必须采用嘉兴、湖州那样的方法，才算是最理想的。其他地方都不懂得怎样用火烘以除湿，而是任由蚕吐丝、四处结茧，导致蚕茧有时结在丛秆中或箱匣里，既不通风也不透气。因此，用这种蚕丝织成的屯溪、漳州的绢及河南、四川等地的绸，都容易朽烂。如果用嘉兴、湖州产的蚕丝做衣服，即使放在水里洗上一百多次，丝质还是完好的。那么，嘉兴、湖

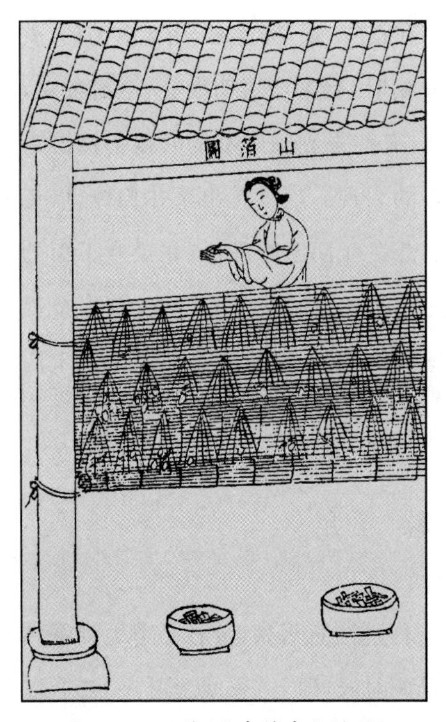

图 2-1 山箔(蚕在筛席上结茧)

州的做法有什么诀窍呢？他们削竹篾编成蚕箔，在蚕箔下面用木料搭上一个离地约六尺高的木架子，地面放置不易爆裂的炭火，前后左右每隔四五尺就摆放一个炭火盆。蚕开始上山结茧时，火力稍微小一些，蚕喜欢暖和，因而易被诱引它们即时结茧，不再到处爬行。

当蚕茧结成后，每盆炭火再添上半斤炭，使温度升高，那么蚕吐出的丝很快就干燥了，所以这种丝能经久而不朽。供蚕结茧的屋子不应当用楼板遮盖，因为结茧时下面要用火烘，而上面需要通风。凡是火盆正顶上的蚕茧不能用作蚕种，取种要用离火盆稍远的。蚕箔上的山簇，是用切割整齐的稻秆和麦秸随手扭结而成的，垂直插放在蚕箔上。做山簇的人最好是手艺纯熟的。若蚕箔编得稀疏了，可在箔上略铺一些短稻草秆，以防蚕掉到地下或火盆中。

第十二节 取 茧

蚕在山簇上结茧三天后，就可以拿下蚕箔取茧了。蚕茧壳外面的浮丝名叫“丝匡”(茧衣)，湖州的老年妇女用很便宜的价钱买了回去(每斤约一百文钱)，用铜钱坠子做纺锤，打线，织成湖绸。剥掉浮丝后的蚕茧，可以摊在大盘里，放在架子上，准备缫丝或造丝绵。如果用橱柜或箱子装盖起来储茧，会因湿气郁结而造成断丝。

第十三节　物　　害

危害蚕的动物主要有麻雀、老鼠、蚊子三种。麻雀危害不到茧，蚊子危害不到早蚕，老鼠的危害则始终存在。防害除害的办法有多种，因人施行。譬如，麻雀屎粘在桑叶上，蚕吃了会立即死亡、腐烂。

第十四节　择　　茧

缫丝用的茧，必须选择茧形圆滑端正的单茧，这样缫丝时丝绪就不会乱。如果是双茧(即两条蚕共同结的茧)或由四五条蚕一起结的共茧，就应该挑出来作丝绵。如果用双茧或共茧来缫丝，丝就会太粗且易断。

第二章　织　布

第一节　造　绵

双茧和缫丝后残留在锅底的碎丝断茧，以及种茧出蛾后的茧壳，丝绪都已断乱，是无法用于缫丝的，但可用于造丝绵。将这些造丝绵的茧子用稻灰水煮（不宜用石灰）后，倒在清水盆内。将两只大拇指的指甲剪干净，用指头顶开四个蚕茧，连续叠套在左手的一个指头上作为一组，四手指都连续叠套四个蚕茧后取下，再用两手拳头把它们一组一组地将这十六个蚕茧顶开，拉宽到一定范围，然后套在小竹弓上，这就是庄子所说的"洴澼絖"，即在水中击絮。

唯有湖州的丝绵特别洁白、纯净，是由于造丝绵的人手法非常巧妙。往竹弓上套被拉伸的蚕茧时，动作必须敏捷，且带水拉开。如果动作稍慢一会儿，水已流去，丝绵就会板结，不能完全均匀地拉开，颜色看起来也就不纯白。缫丝剩下的丝绵，叫"锅底绵"。把这种丝绵装入衣被里用于御寒，古时称"挟纩"（即装有丝绵的衣或被）。制作丝绵的工夫要比缫丝所花的工夫多八倍，每人平均劳动一整天只制成四两多丝绵。用这种绵坠打成线所织成的湖绸，价格自然会很高。用这种绵线在花机上织出来的产品叫"花绵"，价格更高。

第二节　治　　丝

为了治丝，必须要制作缫车。缫车的尺寸、部件及其组合构造都列在后面的附图中。缫丝时先要将锅内的水烧得滚烫，把蚕茧投入锅中，生丝的粗细取决于投入锅中的蚕茧的多少。一个人劳累一整天，只能得到三十两丝。如果是织造头巾等用的丝，就只能得到二十两，因为那种丝必须缫得比较细。织绫罗用的丝，一次可投入沸水锅二十个蚕茧，而缫织造头巾等用的包头丝，只能投进去十几个蚕茧。当煮蚕茧的水滚沸时，用竹签拨动水面，丝头自然就会出现。将丝头提在手中，穿过竹针眼，先绕过星丁头（用竹棍做成，如香筒的形状），然后挂在送丝竿上，再连接到用脚踏转动以绕丝的大关车上。

遇到断丝时，只要找到丝绪头搭上去，不必绕结原来的丝。如果想让丝在大关车上排列均匀而不会堆积在一起，关键要靠送丝竿和移丝竿摆动的脚踏摇柄相互配合。

图 2-2　治丝（缫车缫丝）

四川生产的缫车结构稍有不同，缫丝的方法，是把支架横架在锅上，两人面对面站在锅旁寻找丝绪头，一次牵引四五缕丝上车，但这种方法不如湖州的缫车完善。

供缫丝用的柴火，要选择非常干燥且无烟的，这样制成的丝的色泽不会损坏。保证丝质品性有这样六个字：一个叫“出口干”，即蚕结茧时能用炭火烘;另一个叫“出水干”,就是把丝绕上大关车时,用盆盛装四五两炭生火,放在离大关车五寸左右的地方。当大关车旋转时,生丝一边转一边被炭火烘干,这就是“出水干”(如果是晴天,且又有风,也可以不用炭火烘)。

第三节 调丝

准备织丝时,首先要调丝。调丝要在屋檐下光线明亮的室内进行。将木架平放在地上,木架上竖立起四根竹竿,该装置称为“络笃”。丝套在四根竹竿上,在络笃旁边靠近立柱上八尺高的地方,用铁钉固定一根斜向的小竹竿,上面装一个半月形的挂钩,将丝悬挂在钩子上,调丝人手执旋转绕丝棒,以备牵经和卷纬时用。小竹竿的一头垂下一个小石块为活头。发生断丝情况,只需一拉小绳,小挂钩就落下来了。

第四节 纬络

丝绕在绕丝棒上后,就可以做经线或纬线了。经线用的丝少,纬线用的丝多。每十两丝,大约要用经线四两,纬线六两。绕到绕丝棒上的丝,先用水淋湿浸透后,才摇动卷纬车带动转锭,将丝缠绕于竹管上(竹管是用小箭竹做的)。

第五节 经具

“经具”是指牵经工具。丝绕在绕丝棒上后,就可以牵拉经线准备织造了。在一根直竹竿上钻出三十多个孔,穿上一个名叫“溜眼”的篾圈。把这条竹竿横架在柱子上,丝通过篾圈再穿过“掌扇”(分丝筘),然后缠绕在“经耙”(牵纬架)上。当达到足够长度时,就用“印架”(卷经架)卷好、系好。卷

图 2-3　调丝(绕丝)

图 2-4　纺纬

图 2-5　牵经工具

好后，中间用两根经线分交棒把丝分隔成一上一下两层，然后再穿入梳丝筘里面(这个梳丝筘不是织机上的织丝筘)。穿过梳丝筘后，把经轴与印架相对拉开五丈至七丈远。如果需要浆丝，就在这个时间与空间进行；如果不需要浆丝，就直接卷在经轴上。这样就可以穿综筘进行投梭织造了。

第六节　过　　糊

浆丝用的糊要用揉面筋沉下的小粉为原料。织纱或罗的丝必须要过浆，织绫或绸的丝可以过浆也可以不过浆。有些丝染过色后，失去了原来的特性，就要用牛胶水过浆，这种纱叫“清胶纱”。浆丝的糊料要放在“梳丝筘”上，来回推移“梳丝筘”使丝浆透，随推随干。如果天气晴朗，丝很快就会干，天阴时则要借助风力把丝吹干。

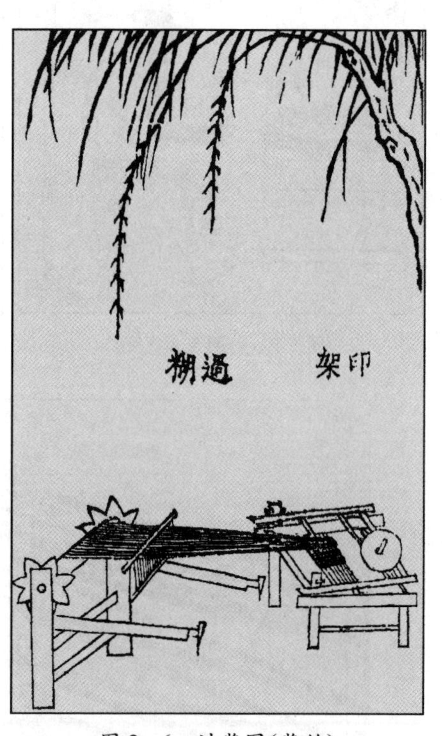

图 2-6　过浆图(浆丝)

第七节　边　　维

丝织品不管是厚的绫还是薄的罗，都要另外织边，即织品的两边都要各牵引丝二十多根。边丝必须上浆，用筘推移梳干。一般来说，绫罗的经丝每三十丈或五六十丈穿一次筘，这样就可以减少穿筘的繁忙和辛苦。丝的长度每达到一匹(四丈)时就用墨在边丝上留个记号，这样就能知道织够一匹了。凡织边的丝不必绕在经轴上，而是绕在织机的横梁上。

第八节　经　　数

织相对薄的纱或罗所用的箱以八百个齿为标准，织相对厚的绫或绢用的箱则以一千二百个齿为标准。每个箱齿中穿引上过浆的经线，把每四根合成两股，罗或纱的经线共计有三千二百根，绫或绸的经线总计有五六千根。古书上记载每八十根为一升，现在较厚的绫或绢也就是古时所说的六十升布。织带花纹的丝织品必须用浙江嘉兴和湖州两地在结茧和缫丝时都烘干的丝作为经线，这种丝可以任意提拉也不必担心会断头。其他地区的丝，即使勉强当作提花织物，也是相对粗糙而不精致的。

第九节　花 机 式

提花机全长约一丈六尺，其中高高耸起的是花楼（用于控制提花机上经

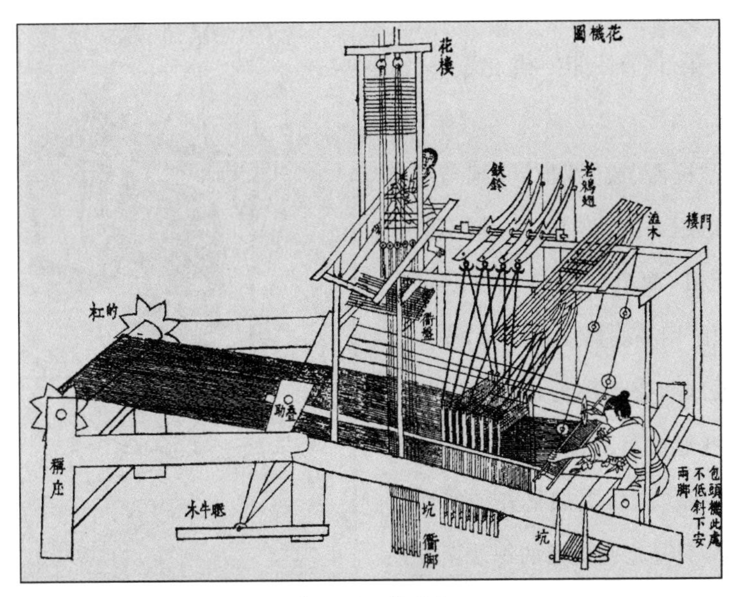

图 2-7　提花机

线起落)，中间托着的是衢盘(用于调整经线开口部位)，下面垂着的是衢脚(用于使经线复位)，它们用加水磨光滑的竹棍做成，共有一千八百根。在花楼的正下方挖一个约两尺深的坑，用于安放衢脚(如果地底下潮湿，就可以架两尺高的棚来代替)。提花的小工坐在花楼的木架子上。提花机的末端用的是杠(经轴)卷丝，中间用叠助木(打纬的摆杆)两根，垂直穿接两根约四尺长的木棍，木棍尖端分别插入织筘的两头。

织纱或罗的叠助木比织绫或绢的要轻十多斤才算好。素罗不用起花纹。此外，要在软纱、绫或绢上织出波浪纹和梅花等小花纹，只要比织素罗多加两片综框，由一个人踏织就可以了。不用一个人闲坐在提花机的花楼上，也不用设置衢盘与衢脚。花机的形制分为两段，前一段水平安放，自花楼朝向织工的一段，向下倾斜一尺多，这样叠助木的力量就会大一些。如果织包头纱一类的细软织物，就要重新安放不倾斜的花机。在人坐的地方装上两个脚架，这是因为那种织包头纱的丝很细，要防止叠助木的冲力过大。

第十节　腰机式

织“杭西”或“罗地”等绢与轻素等绸，织银条或巾帽等纱，都不必使用提花机，而只要用小织机就可以了。织匠用一块熟皮当靠背，操作时全靠腰部和臀部用力，所以又叫“腰机”。各地织葛、苎麻、棉布的，都用这种织机。织品更加整齐结实而具有光泽，只是这种机器的织法至今还没有普遍传开。

图2-8　腰机式

第十一节　结 花 本

结织花式纹样的工匠，心思最为精细巧妙。无论画师在纸上画出什么样的图案，结织花式纹样的工匠都能用丝线按照画样仔细量度，精确细微地计算分寸而编结出织花的纹样。织花的纹样张挂在花楼上，即便织工不知道会织出什么花样，只要穿综带经，按照织花的纹样的尺寸、度数，提起纹针，穿梭织造，就会呈现图案。绫绢是以突起的经线来形成花样的，纱罗是以绞纠纬线来形成花样的。因此，织绫绢是投一梭提一次衢脚，织纱罗时，来梭时提，去梭时不提。天上织女的纺织技术，现在人间的巧匠也能全面掌握了。

第十二节　穿　　经

将蚕丝穿过综再穿过织筘，需要四个人前后排列坐着操作。掌握穿织筘的人手握筘钩先穿过筘齿中，等对面的人把丝递过来准备接丝。等丝经过筘后，就用两手指捏住，每穿好五十至七十个筘齿，就把丝合起来编一个结。丝不乱的奥妙是在将丝分开的“交竹”上。如果要接断丝，就把丝一拉，使它伸长几寸。打上结后，仍会回缩到原来的长度，这种良好的弹性是丝本身就具有的。

第十三节　分　　名

“罗”这种丝织物，中间有一小列纱孔排成横路，用于透风取凉，织造的关键在于织机上的绞综（软综）。绞综的两扇衮头（提花机中的提综杠杆）一软一硬，打综既可织成平纹，又可起绞孔。一般织五梭或三梭（多的能织七梭)后,提起绞综,自然就会使经丝绞起纱孔形成清晰的网眼。如果是全面起纱孔,不排成横路而显得稀疏的,叫纱。织造的关键在于绞综的两扇衮头上。至于织造其他绫绸时,就要去掉绞综的两扇衮头,而改用八扇桄综(可起伏织成花纹)。

用左捻、右捻的丝线,一梭一梭地交互织成的,叫绉纱;单起单落织成的叫罗地;双起双落织成的叫绢地;五枚同时织成的叫绫地。花织物分平纹地与绫纹地两种结构,绫纹地光亮,平纹地较暗。先染丝后织的,叫织锦(北方叫屯锦,也是先染色)。如果在丝织机上织两梭平纹,一梭起绞综,形成横路的,叫秋罗。这种织法也是近代才出现的。江苏南部和浙江的秋罗以及福建、广东的熟纱,都是大官们用于做夏服的;屯绢则是不够资格穿锦绣的地方官、小官们所用的。

丝织品织成后还是生丝,要经过煮练才成为熟丝。煮练时,用稻草灰加水一起煮,并用猪胰脂浸泡一晚,再放进水中洗涤,这样丝色就会鲜艳。如果是用乌梅水煮的,丝色就会差些。用早蚕的蚕丝为经线,晚蚕的蚕丝为纬线,煮过后,每十两会减轻三两。如果经纬线都用上等早蚕丝,那么十两只减轻二两。煮过后要用热水洗掉碱性,并立即绷紧晾干。然后用磨光滑的大蚌壳,用力将丝织品全面地刮过,使其显现出光泽。

第三章　制　衣

第一节　龙　　袍

供皇帝制龙袍的材料，本朝（明朝）的织染局设在苏州和杭州两地。织龙袍的纱机的花楼高达一丈五尺，由两位技术精湛的织造能手，手提花样提花，每织成几寸，就变换织成另一段龙形的图案。一件龙袍要由几部织机分段织成，而不是由一个人完成的。所用的丝要先染成赭黄色，所用的织具没有特别之处，但织工必须小心谨慎，工作繁重，人工和成本都要增加几十倍，以此表示对朝廷忠诚敬重的心意。至于织造过程中的许多细节，就无法详细考察明白。

第二节　倭　　缎

制作倭缎（带有金属线的天鹅绒）的方法是日本创始的，福建漳州、泉州等沿海地区随即加以仿造。织倭缎的丝来自四川，由商贩从很远的地方运来，他们同时再买些胡椒回去卖。这种倭缎的织法也是从日本传来的，先将丝染色作纬线，再将剪断的铜线夹织入经线中。织成数寸后，就用刀削断丝锦即成绒缎，然后刮成墨光。当时北方的少数民族在互市贸易时一见就很喜欢。但是，这种丝织品很容易弄脏，用它做的帽子很快会沾满灰尘；用它织成的衣服，衣领上的绒毛也很容易破损。因此，现今我国各地民众都不喜欢，将来这种倭缎一定会被抛弃，织法也会不再流传。

第三节 布 衣

用棉和布制成棉衣来御寒，穷人和富人都一样。在古书中棉花称为“枲麻”，各地都有人种植。棉花有木棉和草棉两种，花也有白色和紫色两种。其中种白棉花的约占十分之九，种紫棉花的约占十分之一。棉花都是春天播种，秋天结棉桃，先裂开吐絮的棉桃先摘回，而不是等所有的棉桃都裂开后同时摘取。棉花里的棉籽是与棉絮粘在一起的，要将棉花放在轧花车上将棉籽挤出。棉花去籽后，再用悬弓弹松（作为棉被和棉衣中用的棉絮，加工到这一步就可以了）。棉花弹松后用木板搓成长条，再用纺车纺成棉纱，

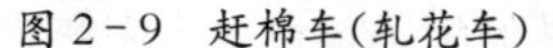
图 2-9 赶棉车（轧花车）

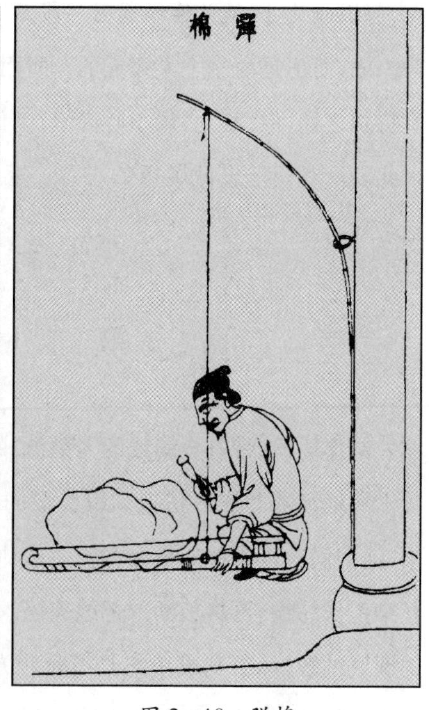

图 2-10 弹棉

图 2-11　擦条（搓棉条）

图 2-12　纺缕（纺棉纱）

然后绕在大关车上便可牵经织造了。熟练的纺纱工，一只手能同时握住三个纺锤，把三根棉纱纺在锭子上（纺得太快，棉纱就不结实了）。

各地都生产棉布，但棉布织得最好的是松江，浆染得最好的是芜湖。棉布的纱纺得紧的，棉布就结实耐用，纺得松的棉布就不结实。碾石要选用江北那种性冷质滑的（好的每块能值十多两银子）。碾布时石头不容易发热，棉布的纱要紧，不松懈。芜湖的大布店最注重用这种好碾石。广东是棉布集中的地方，但广东人偏要用远地出产的碾石，一定是试用后才这样做的。正如人们浆洗旧衣服时也喜欢放在性冷的石砧上捶打，道理也是如此。

朝鲜棉布的织布方法与此相同，只是对西洋棉布还没有进行研究，也不了解那里机织上的特点。棉布上可以织出云花、斜纹、象眼等花纹，都是仿照花机的丝织品的花样织出来的。但是，既然叫布衣，用最朴实的织法也就行了。每十家中必有一架织机，可见织机在百姓中用得十分普遍。因此也就不必附图了。

第四节 枲 著

做棉衣和棉被御寒，采用丝绵的人只有百分之一，其余的都是用棉絮。古代的棉袍，大致相当于今天人们通常所说的胖袄（大棉袄，江西土语）。将棉花弹松后，根据衣被的式样套进去。新的穿盖起来既轻柔又暖和，用过几年后，就会变得紧实板结，逐渐不暖和了，这时再将棉花取出来弹松软，重新装制，又会变得像原来一样暖和了。

第五节 夏 服

苎麻在全国各地都能生长，种植的方法有撒播种子和分根种植两种（安徽贵池地区每年都用草粪堆在苎麻根上，麻根随着压土而长高，广东的青麻是播撒种子在田里而种植的，生长得非常茂盛）。苎麻有青色和黄色两种颜色。每年收割两次，也有收割三次的，纺织成布后可以用来做夏天的衣服和帐幕。

苎麻皮剥下来后，最好在太阳下晒干，浸水后就会腐烂。被撕成纤维后要先用水浸泡，但是也只能浸泡四五个小时，时间久了不撕也会烂掉。苎麻本来是淡黄色的，但经过漂洗后会变成白色（先用稻草灰、石灰水煮过，然后放到流水中漂洗晒干，就会变得特别白）。一个熟练的纺苎纱能手使用脚踏纺车，能达到三个普通纺工的效率。但是，将麻皮撕成纤维时，一个人干一整天，也只能得麻三五铢重。织麻布的机具与织棉布的相同。缝布衣的线以及绱皮鞋的串绳，都是用苎麻搓成的。

葛是蔓生的，它的纤维比苎麻的要长几尺，用被撕成极细的纤维所织成的布料非常贵重。另有一种苘麻，织成的布很粗，最粗的用于做丧服用。即使是苎麻布也有极粗的，漆工用它蘸灰擦磨漆器，皇宫里用它来制作火把。还有一种蕉纱，是福建地区人用芭蕉皮破析后纺成的，非常轻盈纤弱，但不结实也不值钱，故不能用来做衣服。

第六节　裘

用兽皮做的衣服称为“裘”。贵重的有貂皮、狐皮，便宜的如羊皮、麂皮，等级和价格有上百种之多。貂产在关外辽东、吉林等地区。貂喜欢吃松子，那里的少数民族中捕貂的人，夜里悄悄躲藏在树下守候并伺机射取。一张貂皮还不到一尺见方，要用六十多张貂皮连缀起来才能做成一件皮衣。穿着这种貂皮衣的人站在风雪中，比待在屋里还感到暖和。遇到灰沙进入眼睛，用这种貂皮毛一擦就抹出来了，所以十分贵重。貂皮的颜色有三种：一种是白色的，叫“银貂”；另一种是纯黑色的；还有一种是暗黄色的（一个黑色的、毛较长的貂皮帽套，已经值五十多两银子）。狐狸和貉也产在河北、山东、辽宁和河南等地。纯白色的狐腋下的皮衣价格和貂皮差不多，黄褐色的狐皮衣价格是貂皮衣的五分之一，御寒保暖的功效比貂皮要差些。塞外出产的狐皮，拨开毛露出的皮板是青黑色的，内地出产的狐皮把毛吹开露出的皮板是白色的，可用这种方法来区分其品质的优劣。

羊皮衣服，老羊皮价格低而羔皮衣价格贵。孕育在胎中而未生出来的羊羔叫“胞羔”（皮上略有一些毛纹），刚刚出生的叫“乳羔”（皮上的毛卷得像耳环钩），三个月大的叫“跑羔”，七个月大的叫“走羔”（毛纹逐渐变直）。用胞羔、乳羔做皮衣没有羊膻气。古时候，羔皮衣只有士大夫才能穿，现今西北的地方官吏也能讲究地穿羔皮衣了。老羊皮经过芒硝鞣制，做成的皮衣很笨重，是穷人穿的，然而这些都是绵羊皮做的。如果是南方的短毛羊皮，经过芒硝鞣制后皮板就会变得像纸一样薄，只能用来做画灯。穿羊皮袄的人，对羊皮的腥膻气味，穿久了就会习惯，南方不习惯穿的人就受不了。但是，在南方，天气暖和，皮衣也没什么用处。

麂子皮去了毛，经过芒硝鞣制后做成袄裤，穿起来又轻便又暖和，做鞋子、袜子就更好些。这种动物在广东地区有很多，在中原地区主要集中于湖南、湖北一带，望华山是买卖麂皮的地方。麂皮还有防御蝎子蜇人的功用，北方人除了用麂皮做衣服外，还用麂皮做被子边，这样蝎子就会避得远远的。虎豹皮的花纹很美丽，将军们用于装饰自己，显示威武。猪皮和狗皮最不值钱，脚夫苦力用于做靴子、鞋子。西部各少数民族最注重用水獭皮做成细毛皮衣的领子。湖北襄黄地区的人翻山越岭去猎取，运到很远的地方，可以赚很多钱。异域他乡的珍奇物产，如金丝猴的皮，皇帝用于做帽套；猞猁狲皮，皇帝用于做皮袍，这些都不是内地出产的。以上是人类用兽皮做衣服的大致情形，各地的特产在这里就不能详细叙述了。在飞禽中，有用鹰的腹部和大雁腋部的细毛做衣服，杀上万只才能做一件所谓“天鹅绒”的衣服。可是，耗费这么大，这又有什么意思呢？

第七节 褐　毡

绵羊有两种，一种叫蓑衣羊，剪下它的细毛用于制成毛毡或绒片，全国各地的绒线帽、绒线袜子等原料都取之这种羊。在古时候，西域的羊还没有传到内地之前，专门为穷人制作的粗陋的毛布衣，就用这种羊毛。毛布只有粗糙的而没有太精致的。现在的粗毛布，有的也是用这种羊毛织成的。这种羊在徐州、淮河流域喂养得很多。南方只有浙江湖州喂养绵羊，一年中剪三次羊毛（绵羊夏季不长新毛）。一只羊一年长出的毛可以做三双绒袜。一只公羊和一只母羊配种后可生两只小羊，所以一个北方家庭如果喂养一百只绵羊，一年便可以收入一百两银子。

另一种叫“矞羊”（西部民族的称呼），唐代末期才从西域地区传入。这种羊外毛不是很长，内毛很细软，用于织绒毛布。陕西人称为山羊，以此区别于绵羊。这种羊先从西域地区传到甘肃临洮，现在以兰州为最多，所以细软的毛布都出自甘肃兰州，因此又名“兰绒”。少数民族把它称为“孤古绒”，这是沿用它原来的名字。山羊的细毛绒也可以分为两种：一种叫绒，是用梳子从羊身上梳下来的，打成线织成绒毛布，有“褐子”或“把子”等名称；另一种叫拔绒，是细毛中比较精细的，用两个手指甲逐条从羊身上拔下，打成线织成绒毛布。这样织成的毛布，摸起来像丝织品那样光滑柔软。一个人打线辛苦一天也只能得到一钱重的毛料，要花半年才能织成一匹织品。如果是用掐绒打成线，一天能比拔绒多好几倍。打绒线时，用铅锤坠着线端，用手揉搓而成。

织绒毛布的机器，用综片八扇，经线从此通过，下面装四个踏轮，每踏起两根经线，才过一次纬线，因此就能织成斜纹。现在用的梭长一尺二寸，机器织的方法和羊种都是当时从少数民族传来的（名称还有待查考），所以到现在织布工匠还全是那个民族的人，没有内地人。从绵羊身上剪下的细毛，粗的能做毡子，细的可以做绒。毡子都是将羊毛放到沸水中搓洗，等到黏合后，才用木板格成一定的式样，把绒铺在上面，转动机轴轧成。毡绒的本色是白色和黑色，其他颜色都是染成的。至于“氍毹”“氆氇”等都是各地的方言。最粗的毯子，里面掺杂了各种劣种马的毛，并不是用纯羊毛制成的。

第三篇　施染七彩的技艺

有了七彩颜色，才有五彩缤纷的世界。古代自给自足的生活，衣食住行几乎样样都可以（也只能）靠自己，只有某些特定的事需要交给专业人员处理。在织好的布料上染上各种颜色，在明代是由染坊负责的。染坊里所使用的各种染料是怎样来的，又是如何染色的，本篇主要介绍颜色是怎样染到织物上的技艺。

天空中的云霞有各异的色彩，大地上的花朵也是美丽多姿、精彩纷呈的。大自然呈现的美丽景象，上古的圣人遵循提示，根据五彩的颜色将衣服染成青、黄、赤、白、黑五种颜色，难道虞舜没有这种用心吗？众多飞禽中只有凤凰的颜色是丹红超群，成群走兽中唯独麒麟青碧异常。那些身穿青衣的平民望着皇宫，向穿黄袍、红袍的帝王将相遥拜，也是同样道理。有人说："甜味容易与其他各种味道相调和，白的料子上容易染成各种色彩。"世界上的丝、麻、皮和粗布都是素的底色，因而才能染上各种颜色。如果造物不花心思，我是不会相信的。

第一节　大红色的染色法

用菊科的红花制成的红花饼可作为染色的原料，蔷薇科的乌梅用水煎煮出酸性水后，再用碱水澄清几次。如果用稻草灰代替碱水，效果大致相同。多澄清几次后，颜色就会非常鲜艳。有的染家图便宜，先将织物用黄栌木水染上黄色打底。红花最怕沉香和麝香，如果红色衣服与这类香料放在一起，衣服上的颜色会在一个月内褪掉。用红花染过的红色丝帛，如果想要回到原来的颜色，只要把所染的丝帛浸湿，滴上几十滴碱水或用稻草灰浸过的水，红色就可以褪尽并恢复原来的素色。将洗下来的红色水倒入绿豆粉中收藏，下次再用它来染红色，效果半点也不会耗损。这种方法被染坊视作秘方，不会向外传播。

附：常用颜色法

1. 莲红色、桃红色、银红色、水红色

以上四种颜色所用的原料也是红花饼，颜色的深浅根据所用红花饼质量的多少而定。黄色的蚕茧丝不能染成这四种颜色，只有白色的蚕茧丝才可以。

2. 木红色

用苏木煎水，再加入明矾、五倍子染成。

3. 紫色

用苏木水染上底色，再用青矾作配料一起染成。

4. 鹅黄色

先用黄檗煮水染上底色，再用蓝靛水套染。

5. 金黄色

先用黄栌木煮水染色，再用麻秆灰淋水，然后用碱水漂洗。

6. 茶褐色

用莲子壳煎水染色，再用青矾水染成。

7. 红绿色

先用槐花煎水染色，再用蓝靛套染，浅色和深色都要用明矾调节。

8. 豆绿色

用黄檗水染上底色，再用蓝靛水套染。现在用小叶苋蓝煎水套染的，叫作草豆绿，颜色十分鲜艳。

9. 油绿色

用槐花稍微染一下，再用青矾水染成。

10. 天青色

放在靛缸里稍微染一下，再用苏木水套染而成。

11. 葡萄青色

放进靛缸里染成深蓝色，再用深苏木水套染而成。

12. 蛋青色

用黄檗水染，然后放入靛缸中染成。

13. 翠蓝、天蓝色

这两种颜色都是用蓝靛水染成的，只是深浅不同。

14. 玄色

先用蓝靛水染成深青色，再用黄栌木和杨梅树皮各一半煎水套染。还有一种方法是：在蓝芽嫩叶水中先浸染过，然后再放进青矾、五倍子的水中一块浸泡；但是用这种方法浸染，容易使布和丝帛腐烂。

15. 月白、草白色

都是用蓝靛水稍微染一下，现在的方法是用苋蓝煮水，煮到半生半熟的时候染。

16. 象牙色

用黄栌木煎水稍微染一下，或用黄土染。

17. 藕褐色

用苏木水稍微染一下后，再放进莲子壳和青矾一起煮的水中进行染。

第二节　青色的染法

这种黑色不是用蓝靛染出来的，而是用栗子壳或莲子壳放在一块儿熬煮一整天，然后捞出来将水沥干，再加入铁砂、皂矾后放进锅里煮一整夜，就会变成深黑色。

附：

1. 毛青布色的染法

布青色最初流行于安徽芜湖地区，到现在已有近千年的历史。因为这种颜色的布经过浆碾后带有青光，边远地区和外国人都很珍爱，将青布视为贵重的布料。但是，人们用的时间长了，也就习以为常，就不那么稀罕了。毛青色布倒是近代才出现的，方法是用松江产的上等好布，先染成深青色，不再浆碾。吹干后，用掺胶水和豆浆水过一遍，再放在预先装好的质量优良的靛蓝“标缸”里，稍微染一下立即取出。于是，布上就会隐隐约约带有红光。这种毛青色布曾很受人们追捧。

2. 蓝淀

植物中的蓝有五种，都可用来制作深蓝色的染料，即蓝淀。茶蓝即菘蓝，扦插就能成活。蓼蓝、马蓝和吴蓝等都是通过播撒种子种植的。近来又出现了一种小叶的蓼蓝，俗称“苋蓝”，是一个更理想的制作蓝色染料的品种。

种植茶蓝的方法是，在冬天（大约农历十一月）割取茶蓝时，把叶子一片一片剥下来，放进花窖里制成蓝淀。把茎秆的两头切掉，只在靠近根部的地方留下几寸长的一段，熏干后再埋在土里贮藏。到第二年春天（大约农历二月)时,放火将山上的杂草烧掉,使土壤变得很疏松肥沃,然后用锥锄(这种锄的锄钩朝向内,约长八寸)掘土,在土里打出斜眼,将保存的茶蓝根茎插进去,就会自然生根长叶子。其余的几种蓝都是把种子撒在园圃中,春末就会出苗,到六月采收种子,七月就可以将蓝茎割回来用于造蓝淀(蓝色植物染料)。

制作蓝淀时,茎和叶多的放进花窖里,少的放在桶里或缸里,加水浸泡七天,蓝花汁液自然就被浸泡出来。每一石蓝液加入石灰五升,搅打几十下,就会凝结成蓝淀。静置后,蓝淀就会沉积在底部。近来福建地区的人们在山地上普遍种植的都是茶蓝,所产出的茶蓝数量比其他蓝的总和还要多几倍。他们在山上把茶蓝装入竹篓子再装上船往外运。制作蓝淀时,把撇出的浮沫晒干后就叫"靛花"。放在缸里的蓝淀一定要先用稻草灰浸泡的水搅拌调匀,每天用竹棍搅拌无数次,其中质量最好的叫"标缸"。

3. 红花

红花都是撒播种子在田圃里种植的,二月初就下种。如果种得太早,花苗长到一尺左右时,就会长出像黑蚂蚁般的虫子,这种虫子会咬食花的根部,花苗很快死亡。凡是种在肥沃土地里的红花,花苗能长到二尺到三尺高。这时候应给每行红花打桩子,横拴绳子将红花拦起来,以防红花被狂风吹断。如果种在瘦地里,花苗高度在一尺半以下的就不必这样做。

红花到了夏天就会开花,花下结出球状花托和花苞,花托的苞片上有很多刺,花就长在球状花托上。采花的人一定要在天刚亮红花还带着露水时摘取。如果等太阳升起后,露水干了,红花就已闭合而不能采摘。如果遇上下雨天而没有露水的早晨,花开得比较少,因为没有太阳,晚点摘也可以。红花是一天天开放的,大约一个月才能开完。作为药用的红花不必制成花饼。如果用作染料,必须按一定的方法制成花饼后再用,这样使黄色的汁液除尽,使红色显现出来。红花的籽实经过煎压后可以榨出油,如果用银箔贴在扇面上,再刷一层这种油,在火上烘干后,马上就会变成金黄色。

4. 造红花饼法

摘取还带着露水的红花，捣烂并用水淘洗后，装入布袋里并拧去黄汁；再次捣烂，用已发酵的淘米水再淘洗后，又装入布袋中拧去汁液；然后用青蒿覆盖一个晚上，捏成薄饼，阴干后收藏好。如果染色的方法得当，就可以把衣裳染成鲜艳的猩红色（染贺帖用的红纸等，也必须用这种红花饼来染，否则一点颜色都没有）。

第三节　燕　　脂

古时候制造燕脂（即用于化妆的胭脂），用紫铆（紫胶虫分泌物所做成的颜料）为原料制成的染料效果较好，它还可染丝，用红花汁和山榴花汁做的要差一些。近来，山东济宁一带有人用染剩的红花渣滓来做胭脂，很便宜。干的渣滓叫“紫粉”，画家们时常会用到，而染坊往往把它当作废物扔掉。

第四节　槐　　花

槐树生长十几年后才能开花结果，它最初长出的花还没开放时叫“槐蕊”，就像染红色要用红花一样，染绿衣就要用到它。采摘时，将竹筐成排放在槐树下用于收集槐蕊。将槐花加水煮沸，捞起沥干后捏成饼，供染坊用。已开的花颜色会慢慢变黄，有的人把它们收集起来撒上少量石灰拌匀后，收藏备用。

第四篇　谷物的加工

谷物(如稻和麦)收成后,并非直接食用,稻谷有壳,麦粒有皮,真正可食用的是壳里面的物质。若非古人发明了取出白米与磨面粉的加工技术,我们今天就不会享受到香喷喷的白米饭和各种面食。本篇主要介绍水稻、小麦的收割,脱粒以及加工成白米与麦粉的技术和相关工具,还概略讲述其他谷物的加工。

自然界中生长的谷物养育了人类,五谷中的精华和美好的部分,都包藏在如同金黄色外衣的谷壳中,如《易经》中所说的“黄裳”,有美在其中的意味。稻谷以糠皮作为甲壳,麦子用麸皮当作外衣,粟、粱、黍、稷的籽实都隐藏在毛羽中。通过扬簸和碾磨等工序将谷物去壳并加工成米和面,这些程序不会永远是秘密。讲究饮食滋味的人们,都希望粮食加工得越精美越好。靠着杵臼的便利,人们解决了谷物的加工问题,发明这一系列方法的人,难道不是凭借人类的超凡才智吗?

第一章　攻　稻

稻子收割后，就要脱粒。脱粒有多种方法，用手握稻秆摔打进行手工脱粒的约占一半；若把稻子铺在晒场上，用牛拉石磙碾取稻粒也占一半。手工脱粒是手握稻秆在木桶上或石板上摔打。稻子收获时，如遇上多雨少晴的天气，稻田和稻谷都很潮湿，不能把稻子收到晒场上去脱粒，就用木桶在田

图 4-1　湿稻田里击稻

图 4-2　晒场上击稻

间就地脱粒。如果遇上晴天，稻子也很干，用石板脱粒就更方便了。

用牛拉石磙在晒场上压稻谷，要比手工摔打省力得多。但是留着当稻种的稻谷，如果磨掉保护谷胚的壳尖会使种子发芽率减弱，因此南方种植水稻较多的人家，大部分稻谷都是用牛力脱粒，但留作种子的稻谷用在石板上摔打脱粒的方法。

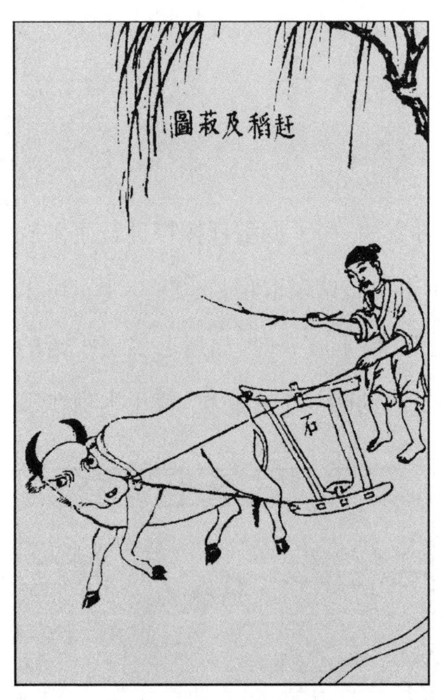

图 4-3 赶稻及菽

最好的稻谷是达到九成饱满的谷粒，只有一成是秕谷。如果风雨不调，耘耔不及时，那么稻谷也可能出现只有六成饱满而四成是秕子的情况。去掉秕谷的方法，南方用风车扇去。北方稻子少，多用扬场的方法，即用扬麦子和黍子那样的办法来扬稻谷，总的来说，不如风车方便。

稻谷去掉谷壳用的是砻(破谷取米的一种农具)，去掉糠皮用的是舂或碾。但是，用水碓来舂，能同时起到砻的作用。干燥的稻谷用碾加工也可以不用砻。砻有两种：一种是用木头做的，锯下一尺多长的原木(多用松木)砍削并合成磨盘形状，两扇都凿出纵向的斜齿，下扇安一根轴穿进上扇，将上扇中间挖空以便稻谷能从孔中注入。加工过两千多石米的木砻不能再用了。用木砻加工，即便是不太干燥的稻谷也不会被磨碎，因此上缴的军粮和官粮，无论是大量运走或就地储藏的大量稻谷都要用木砻加工。另一种是土砻，剖开竹子编织成一个圆筐，中间用干净的黄土填充压实，上下两扇都镶上竹齿，上扇安个竹篾漏斗用于装稻谷。稻谷从上扇用竹篾围成的孔中注入，土砻的装谷量比木砻要多一倍。稻谷稍微潮湿一点，在土砻中就会被磨碎。一般土砻加工二百石米就坏了。使用木砻的必须是身体强壮的劳动力，而用土砻即使是体弱力小的妇女和儿童也能胜任。老百姓吃的米都是用土砻加工的。

图4-4　木砻

图4-5　土砻

稻谷用砻磨过后，要用风车扇去糠秕，然后再倒进筛子里，进行团团筛过，未破壳的稻谷便浮到筛面上，再倒入砻中加工。大的筛子周长五尺，小的筛子周长约为大筛的一半。大筛的中心稍微隆起，供强壮的劳动力使用；小筛的边高只有二寸，中心微凸，供妇女和儿童使用。

稻米筛过后，放到臼里舂，臼也有两种。八口以上的人家，一般是在地上挖坑埋石臼。大臼的容量是五斗，小臼的容量约为大臼的一半。另外用一条横木穿插入碓头（碓嘴是用铁做的，用醋滓将它和碓头粘合上），用脚踩踏横木的末端舂米（也称“踏碓”）。舂得不够，米会粗糙，舂得过分，米会变得细碎，精米都是这样加工出来的。人口不多的人家就用截木制成手杵，用木头或石头做臼来舂米（也称“杵臼”）。舂过后糠皮都变成了粉，叫“细糠”，用于喂猪或狗。遇到荒年，人也可以吃。细糠被风车扇净后，糠皮和灰尘都去除干净，留下的就是加工好的精白大米。

图 4－6 风扇车

图 4－7 踏碓、杵臼

水碓是住在河边的人们创造的。用于加工稻谷，要比人工省力很多。因此，人们都乐意使用水碓。利用水力带动水碓的构件与利用筒车浇水灌田类似。设臼的数量没有限制，如果流水量小且地方狭窄，就设置两至三个臼。如果流水量大且地方又宽敞，可并排设置十个臼也不成问题。

江西上饶一带建造水碓的方法非常巧妙。建造水碓的困难在于选择埋臼的地方，如果臼石设在地势低的地方，可能会被洪水淹没，臼石设在地势太高的地方，水又流不上去。上饶一带造水碓的方法是用一条船作为地，把船系在木桩上。在船中填土埋臼，再在河的中流筑一条小石坝，这样小碓就造成功了，打桩筑坡的劳力也节省下来。此外，水碓还有三种用途：利用水

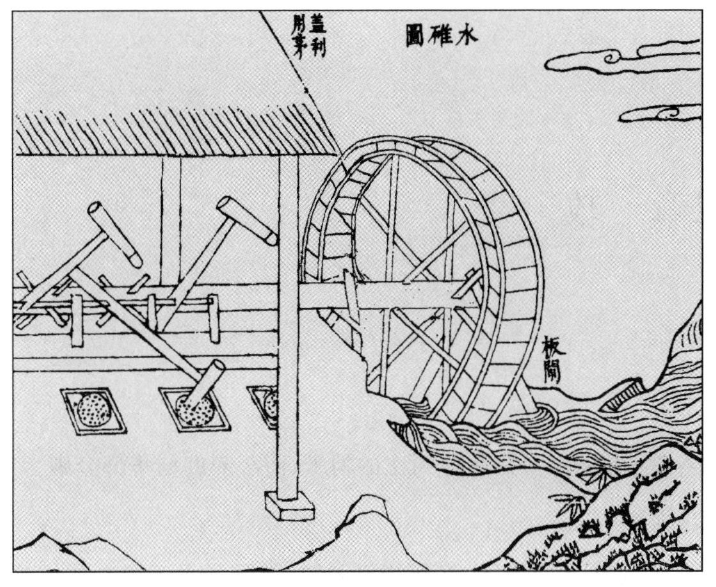

图 4-8　水碓

流的冲击使水轮转动，既可用于带动水磨磨面，也可用于带动水碓舂米，还可用于引水浇灌稻田。这是考虑得非常周密的人所创造出来的。

在使用水碓的河滨地区，有人一辈子也没有见过砻，那里的稻谷去壳和去糠皮都用臼，唯独风车和筛子，各个地方都相同。

图 4-9　牛碾

碾则是用石头砌成的，碾盘和转轮都是用石头制成的。用牛犊或马驹来拉碾。一头牛干一天的劳动量，相当于五个人一天的劳动量，但是要碾的稻谷必须是晒得很干燥的，稍微潮湿一点，米就会碾得细碎。

第二章　攻　麦

稻谷最精华的部分是舂过两次的精米，而小麦的精华部分则为反复罗过的细白面粉。

收获小麦时，用手握住麦秆摔打脱粒，与稻子手工脱粒的方法相似。去掉秕麦的方法，北方多用扬场，这是因为风车还没有在全国普及。扬场不能在屋檐下进行，且一定要等有风时才能进行。没有风或下雨时都不能扬场。

小麦扬过后，用水淘洗，将灰尘去除干净，再晒干，然后入磨。小麦有紫

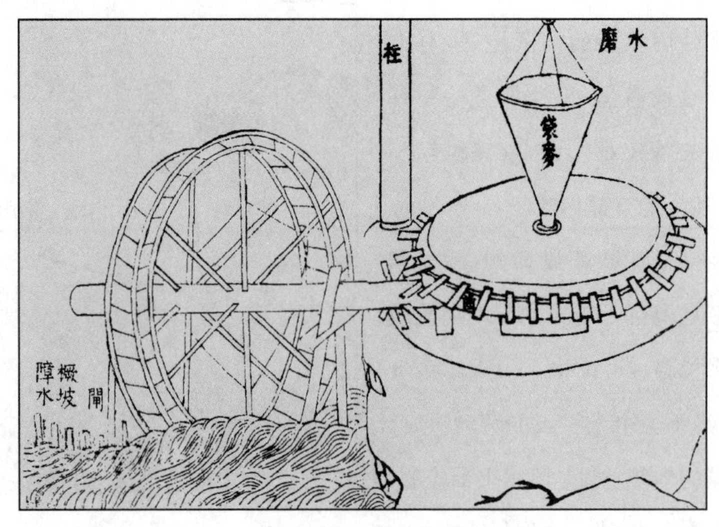

图 4-10　磨面水磨

皮和黄皮两种，紫皮的质量比黄皮的好。好的小麦每石可磨得面粉一百二十斤，次一点的要减少三分之一。

磨的大小没有统一规格，大的磨要用肥壮有力的牛来拉。牛拉磨时要用桐壳遮住牛的眼睛，否则牛会被转晕。牛的肚子上要系一只桶，用于盛装牛的排泄物，否则有可能弄脏面粉。小一点的磨可用驴来拉，磨的质量相对差些。再小一点的磨可用人来推。

一头壮牛一天能磨两石麦子，一头驴一天只能磨一石，强壮的人一天能磨麦三斗，而体弱的人只能磨一斗半。水磨的办法，已经在《攻稻·水碓》一节中细述过，方法是一样的，但水磨的效率要比牛犊的效率高三倍。

用牛、马或水磨来磨面，都要在磨上方悬挂一个上宽下窄的装麦穗的袋子，里面装上几斗麦粒，能慢慢地自动滑入磨眼，人力推磨时就用不着了。

制磨的石料有两种，面粉品质的好坏也随石料的差异而有所不同。江南很少出上等的精白面粉，就是因磨石里含有渣滓，磨面时会发热，使带色的麸皮破碎后与面掺和在一起而无法罗去。江北的石料性凉而且细腻，安徽池州九华山出产的石料质地更好。用这种石头制成的磨，磨面时石头不会发热，麸皮虽然也轧得很扁但不会破碎，所以麸皮一点都不会掺入面粉中，这样磨成的面粉非常精白。江南的磨用二十天就可能磨钝了磨齿，而江北的磨用半年才磨钝一次磨齿。南方的磨把麸子一起磨碎，可以磨得一百斤面，北方的磨只能得到八十斤上等面粉，上等面粉的价钱

图 4－11　面罗

就要贵十分之二。但是,从北方的磨里出来的麸皮还可用于提取面筋和小粉(淀粉),所以磨面的总质量不会少多少,且得到的收益会更高。

麦子磨过后,还要多次入罗,勤劳的人们不怕精心劳作。罗的底是用丝织的罗地绢制作的。如果用浙江湖州一带出产的丝织制成的罗地绢做罗底,罗一千石面也不破损。如果用其他地方的黄丝织成的,罗过一百石面就坏了。面粉磨好后,在寒冷季节里可以存放三个月,春夏时节存放不到二十天就会受潮而变质。因此,为了面能质真味美,就必须随磨随吃。

大麦一般是舂掉外皮煮成饭再食用的,把大麦磨成面粉的不到十分之一。荞麦则是先用杵棒稍微舂一下,捣掉外皮,然后再舂(或磨)成面粉后吃。这些粮食与小麦相比,精粗贵贱相差很大。

第三章　攻黍　稷　粟　粱　麻　菽

小米是这样加工的：扬净后得到实粒，舂后得到小米，磨后得到小米粉。除风扬、车扇两种方法外，还有一种称为“簸法”。簸法是用篾条编成圆盘，把黍粒铺在上面，均匀地扬簸，黍粒就从箕口落到地面上。轻的飘落得远，重的飘落得近，即为饱满的实粒。

北方加工小米，在家里安置一个石墩，中间高，四边低，边沿不开槽。碾石是长圆形的，好像牛拉的石磙子，两头插上木柄。碾时，把黍粒铺在墩上，两人面对面，相互用手交接碾柄来碾压，也称“小辗”。米落到碾的边沿时，就随手用小扫帚扫进去。家里有了这种工具，就用不着杵臼了。

图 4－12　小辗

芝麻收割后，在烈日下晒干，扎成小把，然后两手各拿一把，相互拍打，芝麻壳就会裂开，芝麻粒也就脱落下来，下面铺席子承接。芝麻筛和小的米筛形状相同，但筛

图 4-13 打枷

眼比米筛小很多。芝麻粒从筛眼中落下,叶屑和碎片等杂物留在芝麻筛中,抛掉即可。

豆类收获后,量少连枷脱粒;量多,省力的办法仍然是铺在晒场上,在烈日下晒干,用牛拉石磙来脱粒。打豆的连枷,是用竹竿或木杆作柄,柄的前端钻个圆孔,拴上一条长约三尺的木棒。把豆铺在场上,手执枷柄甩打。豆打落后,用风车扇去荚叶,再筛过,就可得到饱满的豆粒,再入仓。所以,芝麻用不着舂和磨,豆类用不着磨和碾。

第五篇　常见盐的制法

本篇详细解说盐的种类和制作方法。中国菜之所以能扬名世界，跟调味料的运用密切相关。我国对盐的使用很早就开始了，周朝开始设有“盐人”的官职，专门负责制盐的事务。我国早在数千年前就已经开始用盐。经过几千年的发展，盐的来源有多种，盐的制造技术也很专业。

中国古代有五行说，即金、木、水、火、土，认为它们是构成万物的基本“元素”。由“五行”说相应地产生了咸苦酸辛甘五种味道。水性向下渗透并具有咸味，周武王访问箕子后才开始懂得这个道理。对人体来说，除了盐，若长期缺少五味中的其他任何一种，对人体没有影响，唯独盐，十天不吃，人就会像得了重病一样，无精打采、软弱无力，甚至连只鸡也抓不住。这岂不说明自然界产生了水，水中产生的咸味正是人体活力的源泉吗？全国各地，无论是在京郊、内地，还是边疆，到处都有不长蔬菜和谷物等庄稼的不毛之地，即便在这些地方，食盐也能巧妙地分布在各处以待人们享用。谁能知道其中蕴含的道理呢？

第一章　盐　产

食盐有多种来源，大体上可以分为海盐、池盐、井盐、土盐、崖盐和砂石盐等六种，以及东部少数民族地区出产的树叶盐和西部少数民族地区出产的光明盐。在我国海盐的产量约占五分之四，其余五分之一是井盐、池盐和土盐。食盐有的是靠人工提炼出来的，有的则是天然出产的。总之，凡是在交通运输不便、外地食盐难以运到的地方，大自然都会就地提供食盐以备人类食用。

第二章 海 水 盐

海水有咸味表明其中含有盐分。海滨地势高的地方叫潮墩,地势低的地方叫草荡,这些地方都能出产盐。同样是用海盐,但制取海盐所用的方法各不相同。

一种是布灰种盐法,即在海潮不能浸漫的岸边高地上取盐,各户都有自己的地段和界线,互不侵占。假如预测第二天会天晴,种盐户就在当天将一寸多厚的稻、麦秆灰及芦苇、茅草灰遍地撒上,压紧并使其均匀。第二天早上,地下湿气和露气都很重,灰下已经结满了盐茅。等到雾散天晴,过了中午就可以将灰和盐一起扫起来,拿去淋洗和煎炼。

图 5-1 布灰种盐法

另一种是潮波浅被地法,即在潮水浅浅的地方,不用撒灰,只等潮水过后,如果第二天天晴,半天就能晒出盐霜来,然后赶快扫起来,加以煎炼。

还有一种是逼海潮入深地法，即在能被海潮淹没的地方预先挖掘一个深坑，上面横架竹或木棒，竹木上铺苇席，苇席上铺细沙。当海潮淹过深坑时，卤气便通过细沙渗入坑内，将细沙和苇席撤去，用灯火放在坑里照明，当盐卤气把灯火冲灭时，就可以取卤水出来煎炼。

成功的关键在于是否天晴，如果阴雨连绵多日，盐被迫停产，这就是人们常说的“盐荒”。在江苏淮扬一带的盐场，人们靠日光把海水晒干，这种经过日晒而自然凝结的好像马牙似的盐霜，称为“大晒盐”，不需要再次煎炼，扫起来就可以食用。此外，利用海水中顺风漂来的海草，人们捞起来熬炼而制出的盐则称“蓬盐”。

盐的淋洗和煎炼的方法是挖一浅一深两个坑。浅的坑深约一尺左右，上面架上竹或木，在上面铺芦席，将扫起来的盐料（不论是有灰的还是无灰的，淋洗的方法都是一样的），铺在席子上面，四周堆得高些，做成堤坝形，中间用海水淋灌，盐卤水便可以渗到浅坑中。深的坑挖至七至八尺深，用于接受浅坑淋灌下的盐水，然后倒入锅里煎炼。

图 5-2　淋水先入浅坑

熬盐的锅古时候叫“牢盆”，牢盆的周长有好几丈，直径也有一丈多，也有两种规格和形制。其中一种是用铁做的，把铁锤打成薄片，再用铁钉铆合，盆的底部像盂那样平，盆深约一尺二寸，接口处经过卤汁结晶后堵塞住，也就不会漏水了。牢盆下面砌灶烧柴，灶眼多的能有十二三个，少的也有七八个，用柴火同时烧熬这口锅。

南方沿海地区还有一种制法，那是用竹篾编成一个锅围，锅围的直径约一丈，深约一尺。在锅围上糊上蛤蜊灰并衔接在锅的边上。锅下烧火，使卤水不断沸腾，直到逐渐结成盐。这种盆叫“盐盆”。总的来说，它不如用铁片做成的“牢盆”方便。煎炼盐卤汁时，如果没有即时凝结，可以将皂角舂碎掺入小米糠后一起投入沸腾的卤水里搅拌均匀，盐分便会很快地结晶成盐粒。加入皂角而使盐凝结，就好像做豆腐时使用石膏一样。

江苏淮扬一带出产的盐，又重又黑，其他地方出产的盐则又轻又白。从质量上比较，淮扬盐场的盐，一升重约十两，而广东、浙江、长芦盐场的盐一升只有六七两重。蓬草盐的来源不太可靠，蓬草有时好几年来一次，有时一个月会来好几次，因此不能指望它。

盐遇到水就会溶解，遇到风后就会成盐卤，碰上火会愈发坚硬。储藏盐不必用仓库。盐的特性是怕风吹但不怕地湿，只要在地上铺三寸厚的稻草秆，任凭地势低湿也没有妨害。如果周围再砌上砖，缝隙用泥封堵，上面再覆一尺多厚的茅草，这样放置的盐即使一百年也不会变质。

第三章 池 盐

我国有两个池盐产地。一处是在宁夏,出产的食盐供边远地区食用;另一处是山西解池,出产的食盐供山西、河南各地食用。解池位于河南安邑、猗氏和临晋之间,它的四周筑有城墙用于护卫盐池。池水深的地方,水呈深绿色。当地制盐人,在池旁将地犁成畦垄,把池内清水引入畦垄中。但是,要提防浊水流入,否则就会造成泥沙阻塞盐脉。

图 5-3　池盐

每到春季就要开始引池水制盐,若时间太迟,水会变成红色。等到夏秋之交南风劲吹时,一夜之间就能凝结成盐,这种盐叫“颗盐”,也就是古书上所说的“大盐”。因为海水煎炼的盐细碎,池盐则成颗粒状,所以得到“大盐”的称号。池盐一经凝结成形就可扫起供人们食用。制盐人将制成的盐上交给官府,自己只不过得到几十文铜钱而已。

在海丰和深州地区,把海水引

入池内晒成的盐，凝结后扫起就可食用，而不需要再煎炼加工，这一点和池盐是一样的。但是，成盐的时间和不需要依靠南风吹这两点跟池盐类似。

第四章　井　盐

云南和四川远离海滨，交通也不便利，地势又很高。因此，这两个地方的盐就蕴藏在当地的地下。在四川离河不远的石山上，大多数地方可以凿井取盐。盐井的圆周不过几寸，盐井的上口用一个小盂便能盖上，而盐井的深度必须达到十丈以上，才能到达盐卤水层，因此凿井的代价很大，要花费很长时间，也很困难。

凿井的工具常使用碓嘴形铁锥，要把铁锥的尖端做得非常坚固锋利，才能用它在石上冲凿成孔。铁锥的锥身是用剖开两半的竹片夹住，再用绳缠紧做成的。每凿进数尺深，就要用竹竿子把它接上以增加它的身长。起初的这一丈多深，可以用脚踏碓梢，就像舂米一般。再深一些就用两手将铁锥举高，然后再用力夯下去，这可是欲将石头舂得粉碎，随后把长竹接在一起再捆上铁勺，把碎石挖出来。打一眼深井大约需要半年的时间，而打一眼浅井一个多月就成功了。如果井眼凿得过大，卤气会游散，以致不能凝结成盐。当盐井凿到卤水层能打出水后，挑选一根长约一丈的好竹子，将竹内的节都凿穿，只保留最底下的一节，并在竹节的下端安一个吸水的单向阀门以便吸盐水入筒。用长绳拴上这根竹筒，将它沉到井底下，竹筒内就会汲满盐水。井上安装桔槔或辘轳等提水工具。操作方法是套上牛，用牛拉动转盘而带动辘轳绞绳把盐水汲上来。然后将卤水倒进锅里煎熬（只用中等大小的锅，而不用“牢盆”），很快就能凝结成雪白的盐。

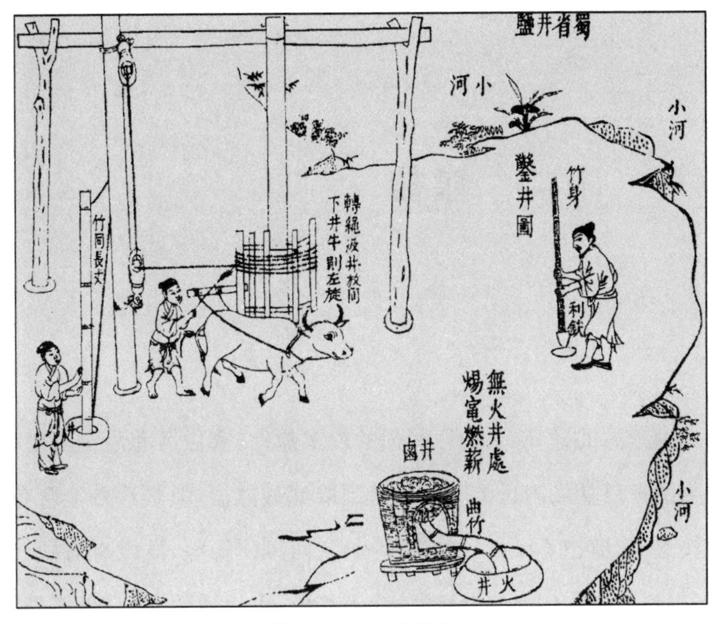

图 5－4　四川井盐

四川西部地区有一种火井，非常奇妙。火井里全都是冷水，完全没有一点热气。但是，把长长的竹子剖开并去掉竹节，再拼合起来用漆布缠紧，将一头插入井底，另一头用曲管对准锅脐，把卤水接到锅里，只见热烘烘的卤水很快就沸腾了。可是打开竹筒一看，没有一点烧焦的痕迹。看不见火的外形而起到了火的作用，这真是人世间的一大奇事！

四川、云南两地的盐井，很容易逃避官税，难以追查。

第五章　末盐　崖盐

用地碱煎熬的盐，除了山西并州的粉末盐外，家住河北沿渤海湾一带沧州与青州的长芦盐场附近的人们经常刮取地碱熬盐，但是这种盐含有杂质，颜色比较黑，味道也不太好。甘肃阶州、陕西凤州等地，既没有海盐，也没有井盐，但当地的岩穴中有岩盐，颜色成土红色，可以随便刮取，也不必熬炼即可食用。

第六篇　糖的种类与制法

人类很早就知道从鲜果、蜂蜜、植物中摄取甜味食物。后发展为从谷物中制取饴糖，继而发展为从甘蔗、甜菜中制糖等。制糖历史大致经历了早期制糖、手工业制糖和机械化制糖三个阶段。

中国是世界上最早制糖的国家之一。早期制得的糖主要有饴糖、蔗糖，饴糖占重要的地位。

甘蔗制糖最早有记载的是公元前300年印度的《吠陀经》和中国的《楚辞》。两国都是世界上最早的植蔗国，也是两大甘蔗制糖发源地。在世界早期制糖史上，中国占有重要的地位。

芳香馥郁的气味，浓艳美丽的颜色，甜美可口的滋味，人们对这些东西都有着强烈的欲望。有些芳香特别浓烈，有些颜色特别艳丽，有些滋味尤其可口，这都是大自然的特殊安排！世间具有甜味的东西，十之八九来自草木，蜜蜂极力争先，采集百花酿成佳蜜，使草木不能全部占有甜蜜。是谁在主宰这一切而让天下人受益呢？

第一章　蔗　种

甘蔗主要盛产于福建和广东一带，其他各地种植的，合起来也不过是这两个地方总产量的十分之一。甘蔗形状像竹子，其中又粗又大的，叫果蔗，截断后可以直接生吃，汁液甜蜜可口，不适合制糖；像芦荻那样细小的，叫糖蔗，生吃时容易刺伤唇舌，所以人们不敢生吃，白砂糖和红砂糖都是用这种甘蔗制成的。中国古代还不懂得如何用甘蔗制糖，唐朝大历年间（766—779），西域僧人邹和尚到四川遂宁云游时，开始传授制糖的技法。现在四川大量种植甘蔗，这也是从西域逐渐传播过来的。

种植荻蔗的方法是，在初冬将要下霜之前将荻蔗砍倒，去掉头和尾，埋在泥土里（注意不能埋在低洼积水潮湿的地方），在第二年“雨水”节气的前五六天，趁天气晴朗时将荻蔗挖出，剥掉外面的叶鞘，砍成五六寸长一段，以每段都要留有两个节为准，把它们密排在地上，盖上少量土，让它们像鱼鳞似的头尾相枕。每段荻蔗上的两个芽都要平放，不能一上一下，以致向下的种芽难以萌发出土。到荻蔗的芽长到一两寸时，要注意经常浇灌清粪水；等长到六七寸时，就要挖出来移植分栽。

栽种甘蔗必须选择沙壤土，靠近江河边的沙性土壤是最合适的。鉴别土质的方法是挖一个深约一尺五寸左右的坑，将坑里的沙土放入口中尝尝味道，味道苦的沙土是不能用于栽种甘蔗的。靠近深山的河流上游的淤积土，即便是土味甘甜也不能用于栽种甘蔗，这是因为山地气候寒冷，将来制成的蔗糖的味道也会是焦苦的。应该在距山脉四五十里的平坦宽阔、阳光充足的沙泥土中，选择最好的地段来种植（黄泥土也不合适种植）。

栽种甘蔗时要整地造畦，将畦垄耕成行距四尺、深四寸的沟。把甘蔗栽种在沟内，约七尺栽种三株，盖上一寸多厚的土，土太厚出芽就会稀少。每株甘蔗长到三四个或六七个芽，就逐渐将两旁的土推到沟里，在每次中耕锄草时都要培土。培的土越来越厚，甘蔗长高，根也扎深，这样就可避免倒伏的危险。中耕除草的活儿不嫌次数多，施肥的多少就要看土地的肥瘦程度。等到甘蔗苗长到一两尺时，就要把胡麻或油菜籽枯饼浸泡后掺水一起浇灌，肥要浇灌在行内。等到甘蔗苗长高到两三尺时则要用牛进入行间进行耕作。每半月犁耕一次以切断一次旁根，翻土一次，培土一次。到了九月初则要大培土以保护甘蔗根，以防甘蔗砍收后的宿根被霜雪冻坏。

第二章　蔗　品

荻蔗（禾本科芒属）可以造出冰糖、白糖和红糖三种。糖的品种不同，是由荻蔗的老嫩程度不同决定的。荻蔗的外皮到秋天就会逐渐变成深红色，到了冬至后就会由红色转变为褐色，然后出现白色的蔗蜡。在华南五岭以南没有霜冻的地区，荻蔗冬天也被留在地里而不砍收，让它长得更好些以用于制白糖。但是，在广东韶关、南雄以北地区，十月份就会出现霜冻，蔗质一经霜冻就会受到破坏，那些地区的荻蔗就不能在地里留很长时间等它变成白色再收，因此要赶紧砍伐用于制红糖。制红糖须在霜降前十天内全力完成。因为十天以前荻蔗糖浆还没有长足，而十天后又怕受霜冻的侵袭而导致前功尽弃，所以种蔗十亩以上的人家就要准备榨糖和煮糖用的车和锅以供急用。在广东南部没有霜冻的地区，荻蔗收割的时间可自主安排。

第三章　造　糖

造糖用的轧浆车（即“糖车”）的形制和规格，是用每块长约五尺、厚约五寸、宽约二尺的上下两块横板，在横板两端凿孔安上柱子。柱子上端的榫头从上横板露出少许，下端的榫头要穿过下横板二至三尺，这样才能埋在地下，使整个车身安稳而不摇晃。在上横板的中部凿两个孔，并排安放两根大木轴（用非常坚实的木料制成），做轴的木料的周长大于七尺为最好。两根

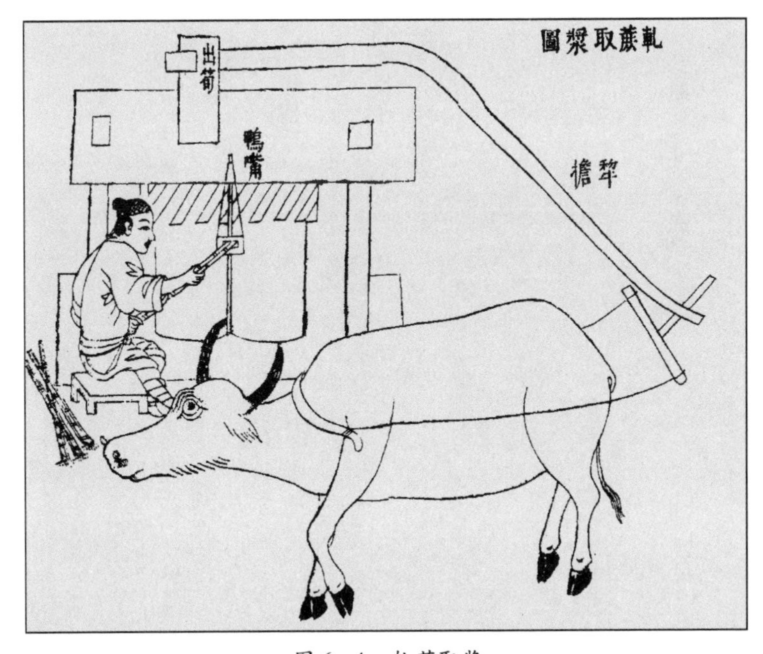

图 6-1　轧蔗取浆

木轴中一根长约三尺，另外一根长约四尺五寸，长轴的榫头露出上横板，用于安装犁担。犁担是用一根长约一丈五尺的弯曲的木材做成的，以便套牛轭使牛转圈走。轴端凿有相互配合的凹凸转动齿轮，两轴的合缝处又直又圆，这样缝才能密合得好。把甘蔗夹在两根轴之间一轧而过，这和轧棉花和赶车的道理是相同的。

甘蔗经过压榨便会流出糖浆水，而把蔗渣插入轴上的“鸭嘴”处进行第二次压榨，再被第三次压榨，蔗汁就会被榨尽，剩下的蔗渣可以用作烧火的燃料。下横板用于支撑木轴，装木轴的地方只凿了一寸五分深的两个小孔，使轴脚不能穿透下横板，以便在板面上承接蔗汁。轴的下端要安装铁条和锭子，便于转动。蔗汁通过下横板上的槽导流进糖缸里。每石蔗汁加入石灰约半升。在取用蔗汁熬糖时，把三口铁锅排列成品字形，先把浓蔗汁集中在一口锅里，然后再把稀蔗汁逐渐加入其余两口锅里。如果柴火不够，火力不足，哪怕只少一把火，也会把糖浆熬成质量低劣的顽糖，满是泡沫而没有用处。

第四章　造　白　糖

我国南方的福建和广东一带田里有过了冬的成熟老甘蔗，它的压榨方法与前面所讲过的方法一样。将榨出的糖汁引入糖缸中，熬糖时要注意观察蔗汁沸腾时的水花来控制火候。当熬到水花呈细珠状，好像煮开了的羹糊似的，用手捻试一下，如果粘手就说明已经熬到火候了。这时的糖浆还是黄黑色，把它盛入桶里，让它凝结成糖膏，然后把瓦溜（请陶工专门烧制而

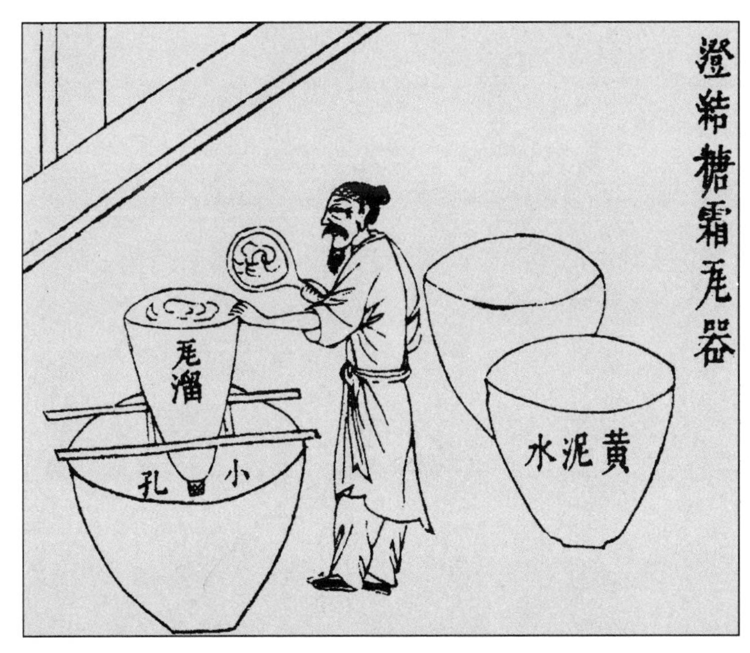

图 6-2　澄结糖霜瓦器

成)放在糖缸上。这种瓦溜上宽下尖,底下留有一个小孔,用草将小孔塞住,把桶里的糖膏倒入瓦溜中。等糖膏凝固后就除去塞在小孔中的草,用黄泥水从上淋浇下来,其中黑色的糖浆就会淋进缸里,留在瓦溜中的全都变成了白糖。最上面的一层约有五寸多厚,洁白异常(如霜),名叫西洋糖(因其白而得名),下面的一层稍呈黄褐色。

制冰糖的方法是:将上层的白糖加热熔化,用鸡蛋清澄清并去除面上的浮渣,要控制火候。将新鲜的青竹破截成一寸长的篾片,撒入糖液中。经过一夜后就自然凝结成天然冰块那样的冰糖。可用于制作狮子、大象糖及人物等形状的糖料,其质地的精粗由制作人自主选用。根据《糖霜谱》介绍,白(冰)糖分为五等,其中“石山”为上等,“团枝”稍微差些,“瓮鉴”又差些,“小颗”更差些,“沙脚”最差。

第五章　饴　饧

饴饧(指古时用麦芽或谷芽熬成的糖)是用稻、麦、黍和粟做成的。《尚书·洪范》篇中说:"用五谷食粮制造甜美的东西。"从中就可以明白五行生五味的道理了。制作饴饧的方法是将稻麦之类浸湿,等到它发芽后晒干,然后煎炼调化而成。色泽以白色的为上等品,红色的叫胶饴,在皇宫内曾很受欢迎,这种糖含在嘴里就会溶化,外形像琥珀一样。南方制作糕点、饼干的人称饴饧为小糖,大概是以此区别于蔗糖而取的名字。饴饧制造的技巧和方法有很多,人们巧妙地将饴饧制成各种美味食品,多得不能枚举。但是,宫廷中皇族所吃的叫"一窝丝"的糖,是否能流传到后世,就不知道了。

第六章　蜂　蜜

酿蜜的蜂普天下到处都有，但在盛产甘蔗的地方，蜜蜂自然会减少。蜜蜂所酿造的蜂蜜，十分之八是野蜂在山崖和土穴里酿造的，出自人工养蜂的蜜只占十分之二。蜂蜜没有固定的颜色，有青色的、白色的、黄色的、褐色的，随各地的花性和种类的不同而不同。例如，菜花蜜、禾花蜜等，名目何止成百上千。

不论是野蜂还是家蜂，其中都有蜂王。蜂王居住的地方，造一个如桃子般大小的台，蜂王之子世代继承王位。蜂王一生中从来不外出采蜜，每天由群蜂（工蜂）轮流分班值日，采集花蜜供蜂王食用。蜂王在春夏造蜜季节每天出游两次，出游时，有八只蜜蜂（工蜂）轮流值班伺候。等到蜂王自己爬出洞穴口时，就有四只工蜂用头顶着蜂王的肚子，把它顶出，另外四只工蜂在周围护卫着蜂王飞翔而去，游不多久（约几刻钟）就会回来，回来时还像出去时那样由工蜂顶着蜂王的肚子，护卫着把蜂王送进蜂巢中。

喂养家蜂的人，有的把蜂桶挂在房檐一头，有的把蜂箱放在窗下，并在蜂桶或蜂箱上钻几十个小圆孔以便蜂群进出。养蜂的人，打死一两只家蜂没有问题，如果打死三只以上家蜂，蜜蜂就会群起而螫人，这叫“蜂反”。蝙蝠最喜欢吃蜜蜂，一旦蝙蝠钻空子进入蜂巢，它就会没完没了地吃。如果打死一只蝙蝠，并悬挂在蜂巢前方，其他蝙蝠就不敢再来吃蜜蜂，俗称“杀一儆百”。家养的蜜蜂从东邻分群到西舍时，一定会分一个蜂王之子去当新的蜂王，届时蜂群将组成扇形阵势，簇拥并护卫着新的蜂王而飞走。乡下的养蜂人常常以喷洒甜酒糟，用其散发的香气来招引蜜蜂。

蜜蜂酿造蜂蜜，要先制造蜜脾（即营造用作酿蜜的巢房），蜜脾的样子如同一片排列整齐竖直向上的鬃毛。蜜蜂用嘴咀嚼花心吸食其汁液，一点一滴吐出来积聚成蜂蜜。再润以采来的人的小便，这样得到的蜜就会特别甘甜和芳香，这便是所谓的"化臭腐为神奇"的作用吧！割取蜜脾炼蜜时，会有很多幼蜂和蜂蛹死在里面，蜜脾的底层是黄色的蜂蜡。深山崖石上的蜂蜜有的几年都没有割取过蜜脾，已经过了很长时间蜜脾就自发成熟了，当地人用长竹竿把蜜脾刺破，蜂蜜随即流下来。如果是刚酿不到一年的而又能爬上去取下来的蜜脾，加工割炼的方法与家养的蜜蜂所酿造的蜂蜜一样。土穴中产的蜜（"穴蜜"）多出产在北方，南方因为地势低气候潮湿，只有"崖蜜"而无"穴蜜"。一斤蜜脾，可炼取十二两蜂蜜。西北地区所出产的蜜约占全国的一半，由此可见，北方蜂蜜能与南方出产的蔗糖相媲美。

第七章　造　兽　糖

制作兽糖的方法是在一口大锅中，放入白糖五十斤，在锅底下慢慢加热熬煎，让火从锅的一角徐徐烧热，就会看见熔化的糖液滚沸而起。如果是在锅底的中心部位加热，糖液就会急剧沸腾而溢至地上。每锅要用三枚鸡蛋，只取蛋白，加入五升冷水调匀。一勺一勺滴入，加在滚沸而起的糖液上，糖液中的浮泡和黑渣就会全部浮起，若用笊篱捞去，糖液就会变得洁白。再把糖液转盛到带手柄的小铜釜中，下面用慢火保温，注意控制火候，然后倒入糖模中。狮糖模和象糖模是由两半像瓦一样的模子合成的，用勺把糖液倒入糖模中，随手翻转，再把半凝固的糖倒出。因为糖模冷而糖液热，靠近糖模壁的地方便凝结成一层糖膜，也称"享糖"，盛大的酒席上常要用到它。

第二卷

本卷记载砖、瓦、陶瓷的制作，车、船的建造，金属的铸锻，煤炭、石灰、硫黄、白矾的开采和烧制，以及榨油、造纸方法等。

第七篇　砖、瓦与陶瓷的烧制

中国传统美术工艺中，陶瓷技术不但历史悠久，而且闻名世界。从远古时代至今，在发展过程中，由陶器到瓷器，由青瓷到白瓷，又由白瓷到彩瓷，一步步由实用进步到以艺术、赏玩的陶瓷艺术品，技巧的进步和原料的使用，都是值得探索的知识。

通过水与火的协调作用，泥土牢固地结合成陶器和瓷器。在有上万户的城镇里，每天有几千人在辛勤地制作陶器，但还是供不应求，可见民间日用陶瓷的需求量是很大的。修建各类房屋要用到砖瓦。王公为了设置险阻要用砖来建造城墙，使敌人攻不进来。泥瓮坚固，能使甜酒保持清澈；瓦器清洁，可用于盛装献祭的醋和肉酱。商周时代，礼器是用木制成的，有重视质朴庄重的意义。后来，各地方都发现了有不同特点的陶土和瓷土，人工又创造出各种巧技奇艺，制成优美洁雅的陶瓷器皿，有的像绢，白如肌肤，有的质地光滑，如玉石。摆设在桌子、茶几或宴席上交相辉映，所显现的色泽和造型典雅美观，让人爱不释手，难道这仅仅是它们坚固耐用吗？

第一章　瓦

用泥制造瓦片，需要掘地两尺多深，从中选择不含沙子的黏土作原料。方圆百里中，一定会有适合制造瓦片所用的黏土。民房所用的瓦是四片合在一起成形，再分成单片。先用圆桶做一个模型，圆桶外壁上画出等分的四条界，把掺入成熟泥的黏土堆成一定厚度的长方形泥墩。然后用一个铁线制成的弦弓把泥墩平切，割出一片三分厚约一尺长的陶泥，像揭纸张那样把它揭起来，将这块泥片包紧在圆桶的外壁上。等它稍干后，将模子脱离出来，就自然裂成四片瓦坯。瓦的大小没有一定的规格，大的长宽达八九寸，小的则缩小十分之三。屋顶上的水槽，必须用称为“沟瓦”的那种最大的瓦片，才能承受连续持久的大雨而不会溢漏。

待瓦坯干燥后，堆砌在窑内，用柴火烧。有的烧一昼夜，有的烧两昼夜，这要看瓦窑里瓦坯的具体数量而定。停火后，马上在窑顶浇水使瓦片呈现出蓝黑色的光泽，方法跟烧青砖相似。垂在檐端的瓦叫“滴水”瓦，用在屋脊两边的瓦叫“云瓦”，覆盖屋脊的瓦叫“抱同”瓦，还有装饰屋脊两头的各种陶鸟和陶兽，都是人工一片一片逐渐做成后放进窑里烧成的，所用的水和火与普通瓦一样。

皇家宫殿所用的瓦的制作方法，就大不相同了。例如，琉璃瓦，有的是板片形的，有的是半圆筒形的，都是用圆竹筒或木块做成模型后逐片制成的。所用的黏土指定要用从安徽太平府运来的（用船运三千里才到达京都。

图 7－1　造瓦坯

图 7－2　瓦坯脱桶

承运的官吏有掺沙作伪的，也有强雇民工、抢夺民船承运的，害人至极。甚至承接天皇陵工程也有用掺沙的土，没有人敢提议来纠正）。瓦坯造成后，装入琉璃窑内，每烧一百片瓦要用五千斤柴。烧制成功后取出来涂上釉色，用无名异（含二氧化锰、氧化钴等成分的釉料）和棕榈毛汁涂成绿色或青黑色，或用赭石、松香及蒲草等涂成黄色。然后再装入另一窑中，用较低窑温烧成带有琉璃光泽的漂亮色彩。京都以外的亲王宫殿和佛寺道观，也有用琉璃瓦的，各地都有自己的色釉配方，制作方法不一定相同，普通的民房禁止用这种琉璃瓦。

第二章　砖

炼泥造砖，也要挖取地下的黏土，对泥土的成色加以鉴别，黏土一般有蓝、白、红、黄等土色（福建和广东地区多红泥，江苏和浙江地区用一种名叫“善泥”的蓝色土），以黏而不散，土质细而没有沙的最为适宜。先要浇水以浸润泥土，再赶几头牛去践踏，踩成稠泥。然后把稠泥填满木模子，用铁线弓削平表面，脱下模子就成了砖坯。

图 7－3　泥造砖坯

建造各郡县的城墙和民房的院墙所用的砖中，有眠砖和侧砖（空心砖）两种。长方形眠砖是卧着铺砌的，郡县的城墙和有钱人家的墙壁，不惜工本，全部用眠砖一块一块叠砌上去。会精打细算的居民为了节省，在一层眠砖上面砌两条侧砖，中间再用泥土和沙石瓦砾之类填满。除墙砖外，还有其他砖：铺砌地面用的叫方墁砖，屋椽和屋桷斜枋上用来承瓦的叫楻板砖，砌小拱桥、拱门和墓穴用的砖叫刀砖，又叫鞠砖。刀砖用时要削窄一边，紧密排列，砌成圆拱形，即便有车马践压也不会损坏坍塌。

造方墁砖的方法是，将泥放进方木框中，上面铺上一块平板，两个人站在平板上面踩，把泥压实。烧成后由石匠磨削方砖的四周成斜面，就可以用于铺砌地面。刀砖的价钱要比墙砖稍贵一些，楻板砖只值墙砖的十分之一，方墁砖比墙砖还要贵十倍。

砖坯做好后就可以装窑烧制了。每装三千斤（百钧）砖要烧一昼夜，装六千斤（二百钧）则要烧两昼夜才够火候。烧砖有的用柴薪窑，有的用煤炭窑。用柴薪烧成的砖呈青灰色，而用煤烧成的砖呈浅白色。柴薪窑顶上偏侧凿有三个孔用于出烟，当火候已足不需要再烧柴时，就用泥封住出烟孔，然后在窑顶浇水使砖变成青灰色。烧砖时，如果火力缺少一成，砖就没有光泽；火力缺少三成，就会烧成嫩火砖，呈坯土的原色，日后经过霜雪风雨侵蚀，就会变得松散而重新变回泥土。如果过火一成，砖面就会出现裂纹；过火三成，砖块就会缩小拆裂、弯曲不直、一敲就碎，如同一堆烂铁，不能用于砌墙。只能把它埋在地里做墙脚，还算起到了砖的作用。烧窑时要注意从窑门往里面观察火候，砖坯受高温作用，看起来好像有点晃荡，就像金银完全熔化时的样子，这得靠老师傅的经验来辨认掌握。

图 7－4　砖瓦浇水转釉

使砖变成青灰色的方法，是在窑顶堆砌一个平台，平台四周应该稍高一点，在上面灌水。每烧三千斤砖瓦要灌水四十担。窑顶的水从窑壁的土层渗透下去，与窑内的火相互作用。借助水火的配合作用，就可以形成坚实耐用的砖块。煤炭窑要比柴薪窑深一倍，顶上圆拱逐渐缩小，而不用封顶。窑里面堆放直径约一尺五寸的煤饼，每放一层煤饼，就添放一层砖坯，最下层垫上芦苇或柴草，为了便于引火烧窑。

图 7-5 煤炭烧砖

皇宫里所用的砖，大厂设在山东临清，由工部设立主管砖块烧制的专门机构掌管砖的品质。最初定的砖名有副砖、券砖、平身砖、望板砖、斧刃砖及方砖等，后来有一半左右砖名被废除了。要将这些砖运到京都，按规定每条运粮船要搭运四十块，民船可以减半。用于砌皇宫正殿的细料方砖，是在苏州烧成后再运到京都的。

第三章　罂　瓮

陶坊制造的缶(腹大口小的器皿)种类很多。较大的有缸、瓮,中等的有钵、盂,小的有瓶、罐。各地的款式都不一样,难以一一列举。这类陶器,都是圆形而非方形的。通过实验找到适宜的陶土后,还要制作陶车和旋盘。技术熟练的人按照将要制造的陶器的大小而取泥,放上旋盘,数量正好而不用增添多少。扶泥和旋转陶车要两人配合,用手一捏而成。朝廷所用的龙凤缸和花缸,要造得厚一些,以便在上面雕镂刻花,这种缸的制法跟一般缸的制法完全不同,价钱也要贵五十至一百倍。

图 7-6　造瓶

罂缶有嘴和耳,都要另外沾釉水粘上去的。陶器都有底,没有底的只有陕西以西地区蒸饭用的甑子。它是用陶土烧成的而不是用木料制成的。精制的陶器,里外都会上釉,粗制的陶器,有的只是下半体上釉。至于沙盆和齿钵等,里面并不上釉,使内壁保持粗涩,以便研磨。沙煲和瓦罐也不上釉，有利于传热煮食。

制造陶釉的原料到处都有，江苏、浙江、福建和广东地区用的是一种蕨蓝草。它原是居民煮饭用的柴草，不过三尺长，枝叶像杉树，捆缚它不感到棘手(这种草有几十种名称，各地的叫法也不同)。陶坊把蕨蓝草烧成灰，装进布袋中，然后灌水过滤，除去粗的，取其细的灰末。每两碗灰末，掺一碗红泥水，搅匀，就变成了釉料，将它涂到坯上，烧制后自然就会呈现釉的光泽。不了解北方用的是什么釉料。苏州黄罐釉用的是其他原料。供朝廷用的龙凤器仍然用松香作为釉料。

瓶窑用于烧制小件的陶器，缸窑用于烧制大件的陶器。山西、浙江两地的缸窑和瓶窑是分开的，其他地方的缸窑和瓶窑是合在一起的。制造大口的缸，要先转动陶车分别制成上下两截，然后再拼接起来，接合处用木槌内外打紧。制造小口的坛瓮也是由上下两截拼接合成的，只是里面不便槌打，便预先烧制一个像金刚圈那样的瓦圈承托内壁，外面用木槌打紧，两截泥坯就会自然地黏合在一起。

图 7-7 造缸

缸窑和瓶窑都不是建在平地上的，而是建在山冈的斜坡上，长的窑有二三十丈，短的窑也有十多丈，几十个窑连在一起，一个窑比一个窑高。这样依傍山势，既可以避免积水，又可以使火力逐级向上传递。几十个窑连起来所烧成的陶器，虽然不是制作昂贵的产品，但也是需要好多人合资合力才能做到的。窑顶的圆拱砌成后，上面要铺一层约三寸厚的细土。窑顶每隔五尺多开一个烟囱，窑门是在两侧相向而开的。最小的陶件装入最低的窑，最大的缸瓮则装在最高的窑。烧窑是从最低的窑烧起，两个人面对面观察火色。大概陶器一百三十斤，需要用柴一百斤。当第一窑火候足够时，关闭窑门，再烧第二窑……逐窑烧至最高的窑。

图 7-8　瓶窑连缸窑

第四章　白瓷　青瓷

白色的黏土叫垩土，是陶坊用于制造精美瓷器的原料。我国只有五六个地方出产垩土：北方有河北的定县、甘肃的华亭、山西的平定及河南的禹县，南方有福建的德化（土出永定县，窑却在福建德化）、江西的婺源和安徽的祁门（其他地方出的白土，拿来造瓷坯嫌不够黏，但可以用来粉刷墙壁）。德化窑是专烧瓷仙、精巧人物和玩具的，但不实用。河北定县和河南禹县的窑所烧制出的瓷器，颜色发黄，暗淡而没有光泽。上述所有地方的产品都没有江西景德镇出产的瓷器好。浙江的丽水和龙泉两县烧制出来的上釉杯碗，墨蓝的颜色如同青漆，称为处窑瓷器。宋、元时期龙泉郡的华琉山山脚下有章氏兄弟建的窑，出品极为名贵，这就是古董行所说的哥窑瓷器。

至于我国远近闻名、人人争购的瓷器，都是江西饶郡浮梁县景德镇的产品。自古以来，景德镇都是烧制瓷器的名都，但当地不产白土。白土出自婺源和祁门两地的山上：其中的一座称为高梁山（高岭），出粳米土，土质坚硬；另一座称为开化山（位于安徽祁门），出糯米土，土质黏软。只有这两种白土混合，才能制成瓷器。将这两种白土分别塑成方块，用小船运到景德镇。造瓷器的人取等量的两种瓷土放入臼内，舂一天，再放入缸内用水澄清。缸里浮上来的是细料，把它倒入另一口缸中；下沉的则是粗料。再从细料缸中倒出上浮的部分便是最细料，沉底的是中料。澄清后，分别倒入窑边用砖砌成的长方形塘内，借窑的热力吸干水分，然后重新加清水调和以造瓷坯。

瓷坯有两种：一种叫“印器”，有方有圆，如瓶、瓮、香炉、瓷盒等（朝廷用的瓷屏风、烛台也属于这一类）。先用黄泥制成模印、模具，或对半分开，或上下两截，或整个地将瓷土放入泥模印出瓷坯，再用釉水涂合接缝处，让两部分合起来，烧制后自然就会完美无缝。另一种瓷坯叫“圆器”，包括数不胜数的大小杯、盘等，都是人们的日常生活用品。圆器产量约占十分之九，印器只占十分之一。制造圆器坯，要先做一辆陶车。用直木一根，埋入地下三尺使其稳固。露出地面二尺，在上面安装一上一下两个圆盘，用小竹棍拨动盘沿，陶车便会旋转，用檀木刻成一个盔头，戴在上盘的正中。

塑造杯、盘，没有固定的模式，用双手捧泥放在盔头上，拨盘使转。用剪净指甲的拇指按住泥底，使瓷泥沿着拇指旋转向上，便可捏塑成杯碗的形状（初学者塑不好没有关系，因为陶泥可反复使用）。功夫深、技术熟练的人，就可以做到千万个杯、碗好像都是用同一个模子印出来的。在盔帽上塑造小坯时，不必加泥，塑中盘和大碗时，就要加泥扩大盔帽，等陶泥晾干后再加工。用手指在陶车上旋成泥坯后，把它翻过来罩在盔帽上印一下，稍晒一会儿，在坯还湿润时，再印一次，使陶器的形状圆而周正，然后再把它晒得又干又白。再蘸一次水，带水放在盔帽上用利刀刮削两次（执刀必须非常稳定，稍有振动，瓷器成品就会有缺口）。瓷坯修好后就可以在旋转的陶车上画圈。接着，在瓷坯上绘画或写字，喷上几口水，然后再上釉。

在制造大多数碎器（即由宋代哥窑创制的碎瓷）、千钟粟（带有米粒状花纹的瓷器）和褐色杯等瓷器时，都不用上青釉料。制造碎器，用利刀修整生坯后，要把它放在阳光下晒得极热，在清水中蘸一下，随即提起，烧成后自然会呈现裂纹。千钟粟的花纹是用釉浆快速点染出来的。褐色杯是用老茶叶煎的水一抹而成的（日本人非常珍视我国古代制作的碎器，他们不惜重金用于购买真品。古代的香炉碎器，不知是哪个朝代制造的，底部有铁钉，钉头光亮而不生锈）。

图 7-9　造圆形瓷器陶车及过利

图 7-10　瓷坯汶水(沾水)

景德镇白瓷的釉是用小港嘴(处于景德镇附近)的泥浆和桃竹叶的灰调匀而成的,很像澄清的淘米水(德化窑瓷器所上的釉是用松毛灰和瓷泥调成浆制成的。浙江的丽水、龙泉两地的窑所出产的青瓷釉不知道用什么原料),盛在瓦缸里。瓷器上釉,先要把釉水倒进泥坯里荡一遍,再张开手指撑住泥坯往釉水里点蘸外壁。点蘸时使釉水刚好浸到外壁沿边,这样釉料自然会布满全坯身。画碗的青花釉料只用无名异一种(漆匠熬炼桐油,也用无名异当催干剂)。无名异不藏在深土之下而是浮生在地面,最多向下挖土三尺深即可得到,各地都有,也分上料、中料和下料三种,使用时要先经过炭火煅烧。上料出火时呈翠绿色,中料呈微绿色,下料接近土褐色。每煅烧无名异一斤,只能得到上料七两,中、下料依次减少。制造上等精致的瓷器和皇帝所用的龙凤器等,都是用上料绘画后烧制成的。因此，无名异上料每担值白银二十四两，中料只值上料的一半，下料只值其三分之一。

图 7－11　瓷器过釉　　　图 7－12　坯体上画回青

景德镇所用的，以浙江衢州府和江西广信府两地出产的为上料，也叫浙料。江西上高等地出产的为中料，江西丰城等地出产的为下料。凡是煅烧过的青花料，要用研钵磨得极细（钵内底部粗涩而不上釉），然后再用水调和研磨至呈黑色，入窑经过高温煅烧就变成亮蓝色。制造紫霞色碎器杯的方法是，先把胭脂石粉打湿，用铁线网兜盛着碎器放到炭火上炙热，再用湿胭脂石粉一抹就成了。宣红瓷器则是烧制成后再用巧妙的技术借微火炙成的，这种红色并不是朱砂在火中所留下来的（宣红器在元朝末年已经失传，明朝正德年间经过多次试验又重新制造出来）。

瓷器坯子经过画彩和上釉后，装入匣钵（装时用力稍重，烧出的瓷器就

图 7－13　瓷器窑

会凹陷变形)，匣钵是用粗泥制成的，其中每一个泥饼托住另一个瓷坯，底下空的部分用沙子填实。大件的瓷坯一个匣钵只能装一个，小件的瓷坯一个匣钵可以装十几个。好的匣钵可以装烧十几次，差的匣钵用一两次就坏了。把装满瓷坯的匣钵放入窑后，就开始点火烧窑。窑顶有十二个圆孔，叫天窗。烧二十四个小时，火候就可以了。先从窑门发火烧二十小时，火力从下向上攻，然后从天窗丢进柴火入窑烧四小时，火力从上往下透。瓷器在高温烈火中软得像棉絮一样，用铁叉取出一个样品用于检验火候是否已经足够。火候足够，就应停止烧窑，合计造一个瓷杯所花的工夫，要经过七十二道工序才能完成，其中许多细节还没有计算在内。

第五章 窑变 回青

正德年间(1506—1521),皇宫派出专使来监督制造皇族使用的瓷器。当时宣红瓷器的具体制作方法已经失传而无法再造出来,因此承造瓷器的人都担心自己的生命财产难以保全。其中有一个人害怕皇帝治罪,于是就跳入瓷窑里自焚。这人死后托梦给别人,终于把宣红瓷器造成了,于是人们竞相传说发生了“窑变”。即用变价的金属之釉烧瓷时,由于烧制条件不同,成釉会呈现多种光怪陆离的颜色变化,且难于复制。有时火候掌握不当,烧成的瓷器的颜色会与预设的相反,呈现很奇特的颜色或混杂的颜色……这些都称为“窑变”。好奇的人更胡乱传言,说烧出了鹿、大象等奇异的动物。又记:“回青”(用含钴的釉料烧成的瓷器)乃是产自西域地区的大青,优质的又称“佛头青”。用上料无名异为釉料烧出来的颜色与回青的颜色相似,并不是说回青这种颜料入瓷窑经过高温后还能保持它原来的蓝色。

第八篇　钟、鼎等器物的铸造

本篇是中国古代有关铸造技术最详尽的记录，从礼器到日常生活用品，都仔细地讲解了铸造方法、步骤，包括从制造模子到灌模完成，以及所使用的金属成分，非常值得研究。阅读本篇时，应当将五金和锤锻两篇综合起来读，就能对我国古代金属器物的使用、发明与制造方法有深层次了解。

相传上古时代就开始在首山采铜铸鼎，可见在中国冶铸的历史渊源久远。自从全国各地(九州)都进贡金属铜给夏禹铸成象征天下大权的九个大鼎以来，冶铸技术也就日新月异地发展了起来。金属本是从泥土中产生出来的，当被铸造成器物供人使用时，其形状又跟泥土造的母模相似。这正是所谓“以土为母”“母模子肖”。铸件中有精有粗，有大有小，作用也各不相同。君且看：钝拙的可以用来舂捣，锋利的可以用来耕地，薄壁的可以用来烧水煮食而使民间百姓人丁兴旺，空腔的可以用来振荡空气而使声波振荡，美妙的乐章得以悠然奏响。信徒模拟仙界神、佛的形态为人间造出了精致逼真的偶像，心灵手巧的工匠抓住天上月亮的隐约轮廓而造出了到处流通的钱币……这些东西纯靠人力是办不到的啊。

第一章　鼎

铸鼎的史实在尧(约前2357—前2256)、舜(约前2255—前2206)以前就已无法考证了,至于传说夏禹铸造九鼎,那是因为当时九州根据各地现有条件和生产能力而缴纳赋税的条例已经颁布,各地每年进贡的物产和品种已经有了具体规定,河道也已经疏通,《禹贡》这部书已经写成。但是,由于恐怕后世的帝王增加赋税来敛取百姓财物,各地诸侯用一些由奇技淫巧做出的东西来冒充贡品,以及后来治水的人也不再按照原来的一套办法。于是,夏禹把这一切都铸刻在鼎上,令规也就不会像书籍那样容易丢失,使后人有所遵守而不能任意更改,这就是当时夏禹铸造九鼎的原因。经过了许多年,刻在鼎上的画像,如蚌珠、暨鱼、狐狸、毛织物及兽皮等,也可能因锈蚀而变了样,学问不深和见识浅薄的人就以为是怪物。因此,《左传》中才有禹铸鼎是为了让百姓懂得识别妖魔鬼怪而避免受到妖魔伤害的说法。这些鼎到了秦代(前221—前207)时就绝迹了,而春秋(前770—前477)时期郜国的大鼎和莒国的两个方鼎,都是诸侯国铸造的,即使有一些刻画,也必定不合于《禹贡》的原意,只不过名为古旧之物罢了。后世的图书已经多了好几百倍,就不必再铸鼎了,这里特地提一下。

第二章　钟

在金属乐器中，钟是第一重要的。毕竟钟的发声响亮，大的钟其响声能传十里，小的钟声也能传一里外。所以，皇帝临朝听政，官府升堂审案，一定要用钟声来召集下属或者民众；各地凡举行乡饮酒礼，也一定会用钟声来和歌伴奏；佛寺仙殿，一定会用钟声来打动人间世俗朝拜者的诚心，唤起对异界鬼神的敬意。

铸钟的原料，以铜为上等材料，以铁为下等材料。今宫内（指明代宫内北极阁中）所悬挂的朝钟完全是用响铜铸成的，每口钟总共花费铜四万七千斤、锡四千斤、黄金五十两、银一百二十两，铸成后重达两万斤，钟高一丈一尺五寸，上面的双龙蒲牢（传说中吼声很大的海兽）图像高二尺七寸，直径八尺。这就是当今朝钟的规格。

铸造万斤以上的（大朝钟之类的）钟与铸鼎的方法相同。先挖掘一个一丈多深的地坑，使坑内保持干燥，并把它构筑成像房舍一样。将石灰、细沙和黏土调和成的土作为内模的塑形材料，内模要求做得没有丝毫的裂缝。内模干燥后，用牛油加黄蜡（蜂蜡）在上面涂几寸厚。油和蜡的比例是：牛油约占十分之八，黄蜡占十分之二。在钟模型的顶上搭建一个高棚用于防日晒雨淋（夏天不能做模子，因为油蜡不能冻结）。油蜡层涂好并用墁刀荡平整后，就可以在上面精雕细刻上各种所需的文字和图案，再用舂碎和筛选过的极细的泥粉和炭末，调成糊状，逐层在油蜡上涂铺几寸厚。等到外模的里外都自然干透坚固后，便在上面用慢火烤炙，使里面的油蜡熔化并从铸模下部内外模交合之孔隙中流干尽。这时，内外模之间的空腔就成了将来钟、鼎成形的地方。

每一斤油蜡空出的位置需要十斤铜来填充，如果塑模时用去十斤油蜡，就需要准备好一百斤铜。内外模之间的油蜡流尽后，就着手熔化铜。若熔化的火铜要达到万斤以上，就不能靠人来挪移浇铸。为此，要在钟模的周围修筑好熔炉和泥槽，槽的上端同炉的出口连接，下端倾斜接到模的浇口上，槽的两旁还要用炭火围起来。当所有熔炉的铜都熔化后，就同时打开出口的塞子（事先用泥土当成塞子塞住），熔化的铜就会像水流一样沿着泥槽注入模内。这样，钟或鼎便铸成功了。

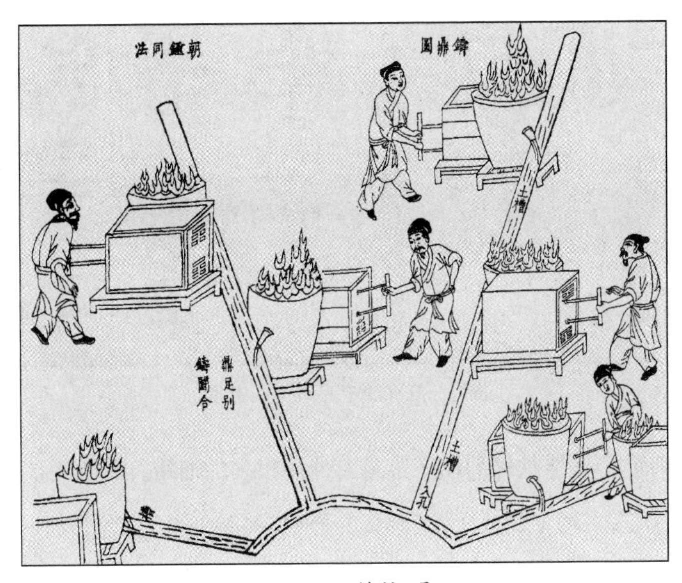

图 8-1　铸钟、鼎

一般而言，万斤以上的铁钟、香炉和大锅，它们的铸造也都用这种方法，只是塑造模子的细节可以由人们根据不同的条件与要求进行适当改变而已。铸造千斤以内的钟，就不必太费劲，只要制造十来个小炉子就行了。这种炉膛的形状像箕子，用铁条当骨架，用泥塑造成。炉体下部的两侧要穿两个孔，并垫上两根圆筒状的铁片以便能穿过抬杠。这些炉子都平放在土墩上，所有的炉子都一起鼓风熔铜。铜熔化后，就用两根杠穿过炉底，轻的两个人，重的几个人，一起抬起炉子，把熔化的铜倾注入模孔中。甲炉刚刚倾注完，乙炉跟着倾注，丙炉再跟着倾注……这样，模子里的铜就会自然熔合。如果各炉倾注时间相差太大，先注入的熔化的铜可能已冷凝，就难以和后注入的熔化的铜互相熔合而出现裂缝。

图 8－2　铸千斤钟与仙佛像

大体而言，铸造铁钟的模子不需要使用很多的油蜡。其方法是：先用黏土制成剖成左右两半的或上、下两截的外模，并在剖面边上制成有接合的子母口，然后将文字和图案反刻在外模的内壁上。内模要缩小一定的尺寸，以使内外模之间留有一定的空间，这要经过精密的计算来确定。外模刻好文字和图案后，还要用牛油涂滑，以免浇铸时铸件粘模。然后把内、外模组合起来，并用泥浆把内外模接口处的缝封好，便可以浇铸了。巨磬和云板（报时报事时用的云状能击出响声的金属板）的铸法与此相类似。

第三章　釜

铁锅是用来烧水煮饭的，因此人们的日常生活离不开它。铸造铁锅的原料是生铁或废铸铁器。铸锅的大小并没有严格固定的规格，常用的铸锅直径约二尺左右，厚约二分。小的铸锅直径约一尺左右，厚薄不减少。铸锅的模子分为内、外两层。先塑造内模，等它干燥后，按锅的尺寸折算好，再塑造外模。这种铸模要求塑造功夫非常精确，尺寸稍有偏差，模子就没有用了。

模塑好并干燥后，用泥捏造熔铁炉，炉膛要像个锅，用来装生铁和废铁原料。炉背接一条可以通到风箱的管，炉的前面捏一个出铁口。每炉所熔化的铁水大约可浇铸十至二十口锅。生铁熔化成铁水后，用镶嵌着泥的带手柄的铁勺子从出铁口盛接铁水，一勺子铁水可浇铸一口铁锅。将铁水倾注到模子里，不必等到它完全冷却就揭开外模，查看有没有裂缝。这时锅身还是通红的，如果发现有些地方铁水浇得不足时，马上补浇少量的铁水，并用湿草片按平，不让锅留下修补过的痕迹。生铁初次铸锅时，需要补浇的地方较多，只有用废铁锅回炉熔铸时，才不会有隙漏（朝鲜的风俗是，锅破后一定要丢弃到山中，不再回炉）。

铁锅铸成后，辨别好坏的方法是用小木棒敲击。如果响声像敲硬木头的声音那样沉实，就是一口好锅；如果有其他杂音，说明铁水的含碳量没处理好造成铁质未熟或铁水中杂质没有清除干净，这种锅将来容易坏。国内有的大寺庙里，铸有一种称为“千僧锅”，可以煮两石米的粥，太笨重了。

第四章　像　炮　镜

铸造仙佛铜像，塑模方法与朝钟一样。但是，钟、鼎不能接铸，而仙佛铜像却可以分铸后再接合铸造，所以在浇注方面是比较容易的。不过，这种接模工艺对精确度的要求是最高的。

大体说来，荷兰和比利时等国铸炮用的是熟铜，信炮和短枪等用的是生、熟铜各一半，襄阳炮、盏口炮、大将军炮乃至二将军炮等则用的是铁。

铸镜的模子是用糠灰加细沙制成的，镜本身的材料是铜与锡的合金（不使用锌）。《考工记》中说："金和锡各一半的合金，是适用于铸镜的合金配比。"镜面能反光，是由于镜面上镀了一层水银，而不是铜本身能光亮。唐朝开元年间宫中所用的镜子，都是用白银和铜各半配比后铸成的，所以每面镜子价达几两银子。铸件上有些像朱砂一样的红斑点，那是其中夹杂的金银发出的（古代铸造的香炉有些是掺入金子的）。明朝宣德炉的铸造，是当时某库偶然发生火灾，里面的金银与夹杂的铜、锡熔成一团，官府下令用它来铸造香炉（宣炉的真品，其面上闪耀着金色的斑点）。唐镜和宣德炉都是王朝昌盛时代的产物。

第五章　钱　铁钱

将铜铸造成钱币，是为了方便民众贸易往来。铜钱的一面印有“××（国号）通宝”四个字，由工部下属的一个部门主管这项工作。通行的铜钱十文抵得上白银一分。一个大钱的面值相当于普通铜钱的五倍或十倍，发行这种大钱的弊病是容易导致私人铸钱，反而会坑害百姓。因此，中央和地方都在发行过一阵大钱后，很快就停止发行。

铸造十斤铜钱，需要用六七斤红铜和三四斤锌（北京把锌叫水锡），这是粗略的比例。锌高温加热一次要耗损四分之一。明朝通用的铜钱，成色最好的是北京宝源局铸造的黄钱和广东高州铸造的青钱（高州钱通行于福建漳州、泉州一带），这两种钱每一文相当于南京操江局和浙江铸造局铸造的铜钱二文。黄钱又分为两等：用四火铜铸造的叫“金背钱”，用二火铜铸的叫“火漆钱”。

铸钱时用来熔化铜的坩埚，是用最细的泥粉（最好以打碎的土砖干粉）和炭粉混合后制成的（北京的熔铜坩埚还加入了牛蹄甲，不知道有什么用处）。熔铜坩埚的配料比例是，每十两坩埚料中，泥粉占七两，炭粉占三两，因为炭粉的保温性能好，可以配合泥粉使铜更易熔化。熔铜坩埚高约八寸，口径约二寸五分。一个熔铜坩埚大约可以装铜和锌十斤。冶炼时，先把铜放进熔铜坩埚中熔化，然后再加入锌，鼓风使它们熔合后，再注入模子。

铸钱的模子用四根木条构成空框(木条各长一尺二寸,宽一寸二分),用筛选过的非常细的泥粉和炭粉混合后填实空框,面上再撒上少量的杉木或柳木炭灰,或用燃烧松香和菜籽油的混合烟熏过。然后把成百枚用锡雕成的母钱(钱模)按有字的正面或按无字的背面铺排在框面上。用一个填实泥粉和炭粉的木框如上述方法合盖上去,就构成了钱的底、面两框模。接着,随手把它翻转过来,揭开前框,全部母钱就脱落在后框上面。再用一个填实的木框合盖在后框上,照样翻转,反复做成十几套框模,最后把它们叠合在一起用绳索捆绑固定。木框的边缘上原来留有灌注铜液的口子,铸工用鹰嘴钳把熔铜坩埚从炉里提出来,另一个人用钳托着坩埚的底部,共同把熔铜液注入模子中。冷却后,解下绳索打开框模。这时,只见密密麻麻的成百个铜钱就像累累果实结在树枝上一样。因为模中原来的铜水通路已凝结成树枝状的铜条网络,把它夹出来,将钱逐个摘下,便于磨锉加工。先锉铜钱的边沿,方法是用竹条或木条穿上几百个铜钱一起锉。然后逐个锉平铜钱表面不规整的地方。

图 8-3　铸钱

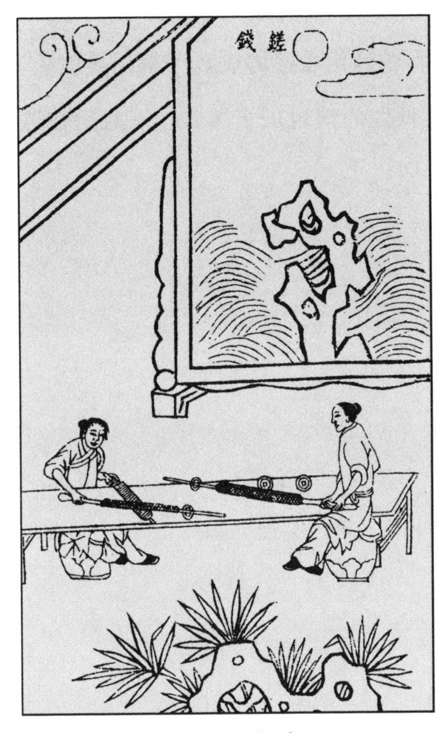

图 8-4　锉钱

图 8-5　日本国造银钱

铜钱质量的高低以锌的含量多少区分，外在质量看铸钱成品、轻重与厚薄，那是显而易见的。由于锌价值低贱而铜价值较贵，私铸铜币的人甚至用铜、锌对半开来铸铜钱。将这种钱掷在石阶上，发出像木头或石块落地的声响，表明成色很低。如果是成色高质量好的铜钱，铜与锌的比例是九比一，把它掷在地上，会发出铿锵的金属声。用废铜器铸造铜钱，每熔化一次就会损耗十分之一，因为其中的锌会挥发掉一些，铜的含量逐渐提高，所以铸造出来的铜钱的成色就会比新铜第一次铸成的铜钱要好。琉球一带铸造的银币，模子就刻在铁钳头上，当银熔化时，将钳子头伸进坩埚里夹取银液后，提出来往冷水中一淬，一块银币就落在水里了。

铁较低贱，从来没有用铁铸钱的。铁钱起源于作为唐朝藩镇之一的魏博镇地区，当时由于藩镇割据，金属铜无法贩运，不得已而用铁来铸钱，只是一时的权宜之计。在唐代皇家兴盛之时，曾经用白银铸成豆子来玩要取乐，到了后期藩镇割据使国家衰落时，就连低贱的铁也用于铸钱。一起记在这里以表示博物广识者的感慨吧。

第九篇　船、车的制造及使用

如果没有交通工具，人们的生活就不可能便利和多元化。俗话说："南船北马。"道出了南方跟北方交通工具的各自特色。明代郑和能七次下西洋，表明当时的造船技艺已很高超，才可以航行到遥远的地方。

交通工具，除了船外还有车，常见的有四轮、两轮等。本篇主要介绍交通工具。

人类分散居住在各地，各地的物产也是各有不同，只有通过贸易交往才能构成社会整体。如果各居一方，老死不相往来，还凭什么来构成人类社会呢？有钱、有地位的人出门到外地，往往怕走远路；有些物品虽然低贱，却是生活必需的，因为缺乏，就需要有人贩运。从全国来看，南方更多的是用船运，北方更多的是用车运。人们凭借车和船，翻山渡海，沟通国内外物资贸易，从而使京都繁荣起来。既然如此，为什么最早发明并创造车、船的人，却得不到后人的崇敬呢？人们驾驶船只漂洋过海，长年在大海中航行，把万顷波涛看成如同平地一样，这和列子乘风飞行的故事没有什么不同。如果把历史书上记载的车辆创造者奚仲等人称为"神人"，难道不可以吗？

第一章　船

船的名称从古到今有成百上千种。有的根据船的形状来命名，如海鳅、江鳊、山梭等；有的按照船的载重量或船载物的数量来命名；有的依据造船的木质（各种木料）来命名……名称繁多难以一一述说殆尽。在海滨游玩的人可以见到远洋船，在江河边居住的人可以看到漕舫。长期生活在山区或平原的人只能见到独木舟或顺流漂行的筏子。这里粗略记载几种船的形制规格，其余的大家可以自行类推。

第一节　漕　舫

京都是军队与百姓聚居的地区，全国各地都要利用水运提供物资储备，漕船制度就这样建立起来了。元朝统一全国后，决定以北京为都城。当时由南方到北方的航道，一条是从苏州的刘家港出发，一条是从海门的黄连沙出发，都沿海路直达天津，用的是遮洋船，一直到明朝的永乐年间（1403—1424）还是这样。后来因为海洋中风浪大，危险多，就改为内河航运（漕运）。

当时苏州府的布政使陈瑄（1365—1432），首先提倡制造平底的浅船，也就是现在的运粮船。这种船的船底的作用相当于建筑物的地基，船身的作用相当于它的墙壁，上面是用阴阳竹盖的屋顶；船头最顶上的那根大横木的作用相当于屋前的门楼柱，船尾上横木的作用相当于寝室；船上桅杆就像一张弩的弩身，风帆和附带的帆索就像弩的翼；船上橹的作用相当于拉车的马；拖缆索的作用相当于走路的鞋子；那些系住铁锚的粗缆以及绑紧全船的大索的作用，则很像鹰和雕那些猛禽的筋骨；船头第一桨的作用是开路先锋，而船尾的舵的作用则是指挥航行的主帅；如果要安营扎寨，就一定要使用锚。

图 9－1　漕船

起初运粮船的规格是：船底宽五丈二尺，使用的木板厚二寸，大木中以选用楠木为最好，其次是栗木。船头底宽六尺，长九尺五寸，船尾底宽五尺，长九尺五寸，船头顶部的大横木长八尺，船尾相应的横木长七尺。整个船由船面横梁及其连接木头（包括两侧肋骨、底梁和隔舱板）形成的构架一共有十四个，其中接近船头的龙口梁到船底的距离为四尺，长一丈，竖立中桅的使风梁一丈四尺，高出船底三尺八寸。船尾的后段水梁长九尺，离船底四尺五寸，船楼两旁的通道共宽七尺六寸。这些都是初期漕船的规格，每条漕船的载米量接近两千石（但每条船每次只是缴五百石便算足额了）。后来由漕运军造的漕船，私自把船身增长了二丈，船头和船尾各加宽了二尺多，这样便可以载米三千石。运河的闸口原来只有一丈二尺宽，还可以让这种船勉强通过。现在官吏乘用的旅游船，大小规格与此完全相同，只不过是船上舱楼的门窗加大了一些，精修并彩饰一番罢了。

造漕船时要先造船底，船底两侧立起船壁，船身上面承受着铺船栈板(甲板)，船壁下面能接触到船底。相隔一定距离安置一批横贯船身的木头叫梁。在船底两旁高高耸立的材料构成船墙(船壁)。构成船壁的粗大柱形木叫正枋，正枋上面的坊叫弦。梁前面竖桅杆的部位叫锚坛，锚坛底部固定桅杆根部的结构叫地龙。船头和船尾各有一根连接船体的大横木叫伏狮，在伏狮的两端下面紧靠船身的一对纵向木叫拿狮，在伏狮下还有一块由三根木串联着的搪浪板叫连三枋。船头中间空开一个方形舱口叫水井(里面用于收藏缆索等物品)。船头两边竖起两根系结缆索的木桩，叫将军柱。锚坛船尾底下两侧倾斜的船壁叫草鞋底。船尾封尾木下有短枋，枋下是挽脚梁。在船尾掌舵位置上面盖着的篷叫野鸡篷(漕船扬帆时，一人要坐在篷顶上掌握帆索)。

凡是身长将近十丈的漕船，要竖立两根桅杆，中间的桅杆竖在船中心朝前过两根梁的部位，另一根桅杆的位置要比中桅更靠前一丈多。运粮船中桅长达八丈，短的则可能会缩短十分之一二，桅身进入窗内(舱楼至舱底的部分)有一丈多，挂帆的地方要占去桅杆总长中的五六丈。船头桅杆的高度还不及中桅的一半，帆的纵横幅度也不到中桅上所挂帆的三分之一。苏州、湖州六郡一带运米的船，由于大多数要通过石拱桥，而且又没有长江、汉水那样的船运风险，所以桅杆和帆的尺寸都必须缩小。如果航行到湖广及江西等地的船，由于过湖过江会遇到突然的风浪，所以锚、缆、帆和桅杆等，都必须严格按照规格来建造，这样才能没有后患。此外，风帆的大小也要跟船身的宽度一致，太大有危险，太小会风力不足。

风帆大多数是用竹篾片编织而成的，每编成一块就要夹进一根带篷缠的篷挡竹做骨干，这样既可以使帆片逐块折叠，又可以让风帆紧贴桅杆升起。运粮船中桅上所挂的帆，需要十个人一齐用力才能升到桅杆顶，而船头的桅杆上的帆只要两人就可挂上了。安装帆索时，先将直径约一寸的木制滑轮绑在桅杆顶上，然后腰间带着绳索爬上桅杆，把三股绳索交错着穿过滑轮。风帆受的风力，顶上的一叶帆相当底下的三叶帆。当调节得准确顺当而又借着风力时，将帆扬到最顶端，船会快如奔马。如果风力不断增大，就要逐渐减少帆叶（遇到很大的风，帆叶鼓得太厉害而降不下来时，就要用搭钩扯帆）。风力很猛烈时，只要挂上一两叶帆就足够了。

借用从横向吹来的风航行叫“抢风”。如果是顺水而行，就可以升起船帆按之字形或玄字形路线行进，或操纵船帆把船抢向东，只能平过对岸，甚至还可能会后退几十丈。这时趁船还未到达对岸，应立刻转舵，并把帆调转向另一舷上去，即把船抢向西行，这是借助水势和风力的挤压，船沿着斜向前进，一下子便可以行走十多里。如果是在平静的湖水中，就可以缓慢地转抢斜行。如果是逆水行舟，又遇到横风，那就一步也难以行进了。船会跟着水流走，就如同草随着风儿摆动一样，所以要利用舵来挡水，使水不按原来的方向流动，舵板一转就能引起一股水流。

舵的尺寸，其下端要同船底平齐。如果舵比船底长出一寸，那么当遇到水浅时，船底已经通过了，而船尾的舵却被卡住了。若遇狂风，这一寸之木所带来的麻烦也就难以形容了。反之，如果舵比船底短了一寸，那么舵的运转力就会太小，船身转动也就不灵巧了。由舵板所挡住的水，相应地流到船头为止，此时船底下的水，好像一股急顺流，所以船头就能自然而然地转到一定方向，这真是妙不可言。

舵上的操纵杆叫“关门棒”，要令船头向北，可将关门棒推向南；要令船头向南，可将关门棒推向北。如果船身太长而横向吹来的风又太猛，舵力不那么充足，就要赶紧放下吹风一侧的那块挡水板（船头两侧装的可以上下提动的劈水板），用于抵消风势。船舵要用一根直木做舵身（运粮船上用的直木腰围三尺，长一丈多)，上端凿个横孔插进关门棒，下端锯开个衔口，用于夹紧舵板，构成斧头般的形状，然后用铁钉钉牢便可以挡水了。船尾高耸起来的地方，叫舵楼。

铁锚的作用是沉入水底而将船系住不移动。一条运粮船上共有五或六个锚，其中最大的锚叫看家锚，重达五百斤。其余的锚在船头上的有两只，在船尾部的也有两只。船在航行过程中，如果遇到逆风无法前进，而又不能靠岸停泊(或已经接近岸边，但是水底是石头而不是沙土，也不能停泊，这时只能在水深的地方赶紧抛锚)，就要将锚抛下并沉到水底，把系锚的缆索系在将军柱上。锚爪一接触到泥沙，就能陷进泥里。如果情况危急，便要抛下看家锚。系住这个锚的缆索叫“本身”(命根子)，这就是说它是至关重要的意思。同一航向航行的船只，如果前面的船受阻了，怕自己的船会顺势急冲向前而有互相撞伤的危险，那就要赶快抛下船尾锚以拖住船只，将速度减下来。风静了要开船，就要用绞车把锚提起来。

填充船板间的缝隙就要用捣碎了的白麻絮结成筋，用钝凿把筋塞进缝隙里，然后再用筛得很细的石灰拌桐油，以木棒舂成油团状封补在麻筋外面。浙江温州、台湾、福建及两广等地都用贝壳灰代替石灰。船上所用的帆索是用大麻纤维(也叫火麻子)纠绞而成的，直径达一寸多的粗绳索，即便系住万斤以上的东西也不会断。系锚的锚缆，则是用竹片削成的青篾条做的，这些篾条要先放在锅里煮过，再行纠绞。拉船的纤缆也是用煮过的篾条绞成的，每长十丈以上要在篾条中间做个圈作为接环，以便碰到障碍时可以用手指出力将篾条掐断。竹的特性是纵向拉力强，一条竹篾可以承受极大的拉力。凡是经三峡而进入四川的上水船，往往不用纠绞的纤索，只是把竹子破成一寸多宽的整条竹片，互相连接起来，这叫“火杖”。因为沿岸的崖石锋利得像刀刃一样，恐怕破成竹篾条反而更容易被损坏。

至于船只所用木料的选择，桅杆要选用匀称笔直的杉木，如果一根杉木不够长可以连接，在连接处用铁箍一寸寸箍紧。在舱楼前面，应当空出一块地方以便竖立桅杆。竖立船的中桅时，要拼合几条大船来共同承载，然后靠系在桅顶的长缆索将它吊起。船上的梁、枋和船壁所用的长木料都要选用楠木、槠木、樟木、榆木或槐木来做（春夏两季砍伐的樟木，时间长了会被虫蛀）；衬舱底或铺面的栈板则不论什么木料都可以；舵杆要使用榆木、榔木或槠木；关门棒则要用椆木或榔木；船桨要用杉木、桧木或楸木。以上所阐述的只是一些关于漕船的要点而已。

第二节　海　　舟

元朝和明朝初年运米的海船叫遮洋浅船，小一点的叫钻风船（即海鳅）。这种船的航道仅限于经由长江口以北的万里长滩、黑水洋和沙门岛等地，一路上并没有什么大的风险。制造这类海船所花的人工及成本，还不到那些出使琉球、日本等地经商的海船的十分之一。

遮洋浅船跟漕船比较起来，长了一丈六尺，宽了二尺五寸，船上的各种设备都是一样的。只是遮洋浅船的舵杆必须要用铁力木造，填充舱板缝隙的灰要用鱼油加桐油拌和，不知道是什么道理。外国的海船跟遮洋浅船的规格大同小异。福建、广东的远洋船（其中福建的远洋船由海澄开出，广东的远洋船由香山坳开出）把竹子破成两半编成排栅，放在船的两旁用于挡海浪，山东登州和莱州的海船又不大一样。日本的海船在船两旁安装带有把手的栏板，由人拨动栏板来挡水。朝鲜的制作方法与形式又不同。

至于在船头、船尾都安装罗盘用于辨别航向，船中腰的大横梁伸出几尺以便插进腰舵，这些都是相同的。腰舵的形状跟尾舵不同，它是把宽木板做成刀形，插进水中后不转动，只是对船身起平衡作用。它上面还有个横柄拴在梁上，遇到搁浅时就可以提起来。因为它有点像舵，所以叫腰舵。海船出海时，要用竹筒储备几百斤的淡水，估计可足够供应船上的人两天食用，一旦遇到岛屿，就再补充淡水。无论到什么地方、什么岛屿，需要按一定的方向航行，罗盘针都会指示得很清楚，看来这恐怕不是光凭人的经验所能轻易掌握的。舵工们相互配合操纵海船，他们的见识和魄力简直到了将生死置之度外的境界，那并不是只凭一时鼓起的勇气就能做到的。

第三节 杂 舟

江汉课船。长江、汉水上所行驶的官府用于运载税银的课船，船身十分狭长，前后一共有十多个舱，每个舱只容一人卧息那么大。整条船总共有六把桨和一座小桅帆，在风浪中靠这几把桨推动划行。如果不遇上逆风，仅一昼夜顺水就可行四百多里，逆水也能行驶一百多里。明朝的盐税中，淮阴和扬州一带征收的数额很大，也要用这种船来运送税银，所以称为课船。来往旅客想要赶速度的，往往也租这种船。课船的航线一般是南从江西的章水、赣水，西从湖北的江陵、襄樊等地出发，到江苏的仪真为止。

三吴浪船。在浙江西部至江苏苏州之间纵横七百里的范围中，布满许多深沟和迂回曲折的小溪，这一带的浪船（最小的也叫塘船）数以十万计。旅客无论贫富都搭乘这种船往来，以代替车马或步行。这种船即使很小也要装配上窗户、厅房，所用的木料多是杉木。人和货物在船里要做到保持两边平衡，不能有多达一石的偏重，否则浪船就会倾斜，因此这种船俗称“天平船”。这种船来往的航程通常在七百里水路内。有些贪图安逸和求方便的人，租它一直往北驶往通州和天津。沿途只有在镇江要横渡一次长江，一般待江面风平浪静时过江。再要渡过运河上的清江浦，沿黄河浅水逆行二百里，便可以进大运河的闸口，在安稳的运河中航行。长江上游水急浪大，这种浪船是永远不能进去的。浪船的推动力全靠船尾那根粗大的橹，由两三个人合力摇橹而使船前进，或靠人上岸拉纤使船前进。船的风帆，不过是一块巴掌大小的小席，船的行进完全不依靠它。

浙西西安船。浙江自常山至杭州钱塘，钱塘江流经约八百里，直接入海，不通其他航道，因此这种船的航线是从常山、开化、遂安等小河起一直到钱塘江为止，再也没有其他航道。这种船是用箬竹叶编成拱形的篷当顶盖，用棉布为风帆，约两丈多高，帆索也是棉质的。当初采用布帆，据说是钱塘江有潮涌，当情形危急时布帆更容易收起来，但不一定就是这个原因。它的造价比起竹篾质地的帆要高出很多，人们很难理解当地为什么要使用棉布当船帆。

福建清流船、梢篷船。这两种船仅航行于由光泽、崇安两小河起到福州洪塘为止的一段河道，再下去的水道就是海路了。清流船用于运载货物和客商，梢篷船则仅可供人坐卧，这是达官贵人及其家属所用的，这种船都是用杉木做船底。途中经过的险滩礁石不少，时常会碰损而引起船底漏水，遇到这种情况就要设法马上靠岸，抢卸货物并且堵塞漏洞。这种船不在船的尾部安装船舵，而是在船的头部安装一把叫“招”的大桨来使船转动方向。为了确保安全，每次出航都要联合五条船才可开行，当经过急流险滩时，后面四条船的人都要上岸用缆索往后拉住第一条船，以减慢它的速度。船工即便是在寒冷的冬天也不穿鞋子，以便经常涉水。令人不解的是，它的风帆竟然是挂而不用的。

四川八橹等船。四川的水源本来是和长江、汉水相通的，但是四川的船只仅仅是航行到湖北荆州为止，再往下行驶就必须更换另一种船。从湖北宜昌进入三峡的上水航行，这时拉纤人用的是火杖（将巨竹破成四片或六片，用麻绳接长所构成）。船上像端阳节竞赛那般击鼓，拉缆的人在岸上山石之间听到鼓声就一起出力。从中夏到中秋期间，江水涨满封峡，船就停航几个月，等到以后水位降低，船只才继续开始往来。这段航道要经过新滩等几处极其危险的地方，这时人与货物都必须在岸上转运半里多路，只剩下空船在江里行走。这种船的腹部圆而两头尖狭，便于在险滩附近劈波斩浪。

黄河满篷梢。从黄河进入淮河，再从淮河进入河南的汴水，使用的都是这种满篷梢船。满篷梢船建造时用的是楠木，工本费比较高。船的大小不等，大的可以装载三千石，小的只能载五百石。顺水行驶时，就在船头与船身交接处安上一根横梁伸出船的两边，梁上安两个巨桨，人在船两边摇橹使船前行。至于铁锚、绳索和风帆等的规格，与长江、汉水中的船大致相同。

广东黑楼船、盐船。北起广东南雄、南到广州都行驶着这两种船，但从广东的惠阳、潮州要到达福建的漳州、泉州，就应在河道的出海口改乘海船。黑楼船是达官贵人坐的，盐船则用于运载货物。人可以在船的两侧行走。风帆是用草席做成的，但使用的不是单桅杆而是双桅杆，因此不像中原地区的船帆那样可以随意转动。至于逆水航行时要靠纤缆拖动，在这一点上跟其他地区一致。

黄河秦船（俗名摆子船）。这种船大多数是在陕西韩城制造的，大的可以装载石头数万斤，顺流而下，供淮阴、徐州一带使用。它的船头和船尾都一样宽，船舱和梁都比较低平，不怎么凸起。当船顺着急流而下时，摇动两旁的巨桨可使船前进，船的来往都不利用风力。逆流返航时，往往需要二十多个人在岸上拉纤才行。因此，有人甚至连船也不要而空手返回了。

第二章　车

第一节　战　车

车适合于平地上驾驶，战国时期(前475—前221)，陕西、山西、河北及山东各诸侯国之间交战都使用战车，因此就有了“千乘之国”“万乘之国”的说法。秦末项羽与刘邦血战后，战车的使用逐渐减少。南方的水战用的是船，陆战用的是步兵和骑兵；向北进攻匈奴的军队，双方都使用骑兵，于是战车就派不上用场了。但是，当今人们又驭马驾车用于运载重物。可见，今天的骡马车同过去的战车，结构也应差不多。

第二节　骡　马　车

骡马车的样式有四轮，也有双轮的。车上的承载支架都是从轴那里连接上去的。四轮的骡马车，前两轮和后两轮各有一根横轴，在轴上竖立的短柱上面架着纵梁，这些纵梁又承载着车厢。当停马脱驾时，车厢平正，就像坐在房子里一样安稳。两轮的骡马车，行车时马在前头拉，车厢平正；停马脱驾时，则用短木向前抵住地面以支撑，否则车会向前倾斜。

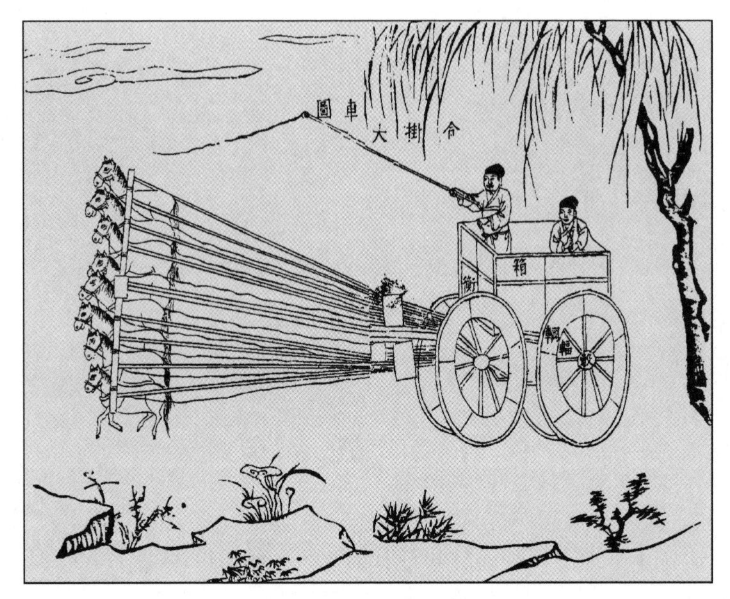

图 9-2 合挂大车

第三节 马 车

马车的车轮叫辕(俗名车陀)。车轮是由轴承、辐条、内缘与轮圈四个部分组成的:大车中心装轴的圆木(俗名叫车脑)周长约一尺五寸,叫毂,这是中穿车轴外接辐条的部件。辐条共有三十片,它的内端连接毂,外端连接轮的内缘(辅)。由于它紧顶住轮圈(辋),也是圆形的,因此也叫内缘。辋(轮圈)外边是整个轮的最外周,所以叫轮辕。大车收车时,一般都把几个部件拆卸下来进行收藏。要用车时先装两轴,然后依次装车架、车厢。轼、衡、轸、轭等部件都是承载在轴上的。

四轮马车,运载量为五十石,所用的骡马,多的有十二匹或十匹,少的也有八匹。驾车人站在车厢中间的高处掌鞭驾车。车前的马分为前后两排(战车以四匹马为一排,靠外的两匹叫骖,居中的两匹叫服)。用黄麻拧成长绳，分别系住马脖子，收拢成两束，并穿过车前中部横木（衡）而进入厢内左右两边。驾车人手执的长鞭是用麻绳做的，约七尺长，竿也有七尺长。看到有不卖力气的马，就挥鞭打到它身上。车厢内由两个识马性和会掌绳子的人负责踩绳。如果马跑得太快，就要立即踩住缰绳，否则可能发生翻车事故。车在行进时，如果前面遇到行人要停车让路，驾车人立即发出吆喝声，马就会停下来。马缰绳收拢成束并透过衡（前横木）入车厢，都用牛皮束缚，这就是《诗经》中所说的“胁驱”。

大车在中途喂马时，不必将马牵入马厩里，车上载有柳条盘，解索后让马就地进食。乘车的人上下车都要经由小梯。凡是经过坡度比较大的桥梁时，就要在十匹马中选出最壮的一匹，系在车的后面。下坡时，前面九匹马缓慢地拉，后面一匹马拼命把车拖住，以减缓车速，不然就会有危险。大车遇到河流、山岭和曲径小道都过不了，徐州、兖州和河南汴梁一带，方圆三百里很少有河流和湖泊，马车正好用于弥补水运的不足。

第四节　造车的木料

造车的木料，先要选用长的做车轴，短的做毂（轴承），以槐木、枣木、檀木和榆木（用榔榆）为上等材料。但是黄檀木摩擦久了会发热，因而不太适宜做这些部件，有些细心的人就选用两手才能合抱的枣木或槐木为原料来做，那当然是最好不过了。轸、衡、车厢及轭等其他部件，则无论什么木料都可以用。

此外，用牛车装载草料的以山西为最多。到了路窄的地方，就在牛颈上系个大铃，名叫“报君知”，正如一般骡马车的牲口也都系上铃铛一样。还有北方的独辕（轮）车，驴子在前面拉，人在后面推，不能持久骑坐牲口的旅客常常租用这种车。车的座位上有拱形席顶，可以挡风和遮阳，旅客一定要两边对坐，不然车子会倾倒。这种车子，北上至陕西的西安和山东的济宁，还可以直达北京。不载人时，载货最多也就四五石。还有一种用牛拉的轿车，以河南一带最多。两旁有双轮，中间穿过一条横轴，这条轴装得非常平，再架起几根短横木，轿就安置在上面，人坐在轿中很安稳，牛停下来脱驾，车也不会倾倒。至于南方的独轮推车，就只能靠一个人推，这种车可以载重两石，遇到坎坷不平的路就过不去，最远也只能走一百里地。其余的各种车辆在此难以一一列举。只是考虑到南方人没有见过大骡车，而北方人又没有见过大船只，因此在这里粗略介绍一下。

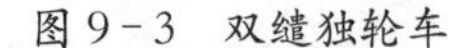
图9-3 双缝独轮车

图9-4 南方独轮车

第十篇　铁器、铜器的制造

本篇系统地叙述锻造铁器、铜器的工艺，从重万斤的大铁锚到轻细的绣花针，还有各种金属的加工工具，如锉、锯、刨等，同时也简要介绍了金属的加工技术。

金属和木材经过加工而成为各式器物。假如世界上没有优良的器具，即便像鲁班这样的能工巧匠，又如何施展精巧绝伦的技艺呢？弓矢、殳、矛、戈、戟五种兵器及钟、镈、镯、铙、铎、錞六种乐器，如果没有钳子和锤子发挥作用，它们就难以制作成功。同样出自熔炉烈火，诸种器物大小形状各不一样：有重达千钧的能在狂风巨浪中系住大船的铁锚，也有轻如羽毛可在礼服上刺绣出花样的小针。在这由锤锻五金所铸就的奇功面前，连冶铸钟鼎的技巧也为之逊色。莫邪、干将两把名剑，挥舞起来如同双龙飞跃，这种传说大概也有它的根据吧。

第一章 冶 铁

铁制器具是由生铁炼成的熟铁做成的。先将铁铸成砧,作为承受敲打的垫座。俗话说得好"万器以钳为祖",这并非没有根据。刚出炉的熟铁,叫"毛铁",锻打时有一部分会变成铁花和氧化铁皮而耗损三成;已经成为废品而还没锈烂的铁器叫"劳铁",用它做成别的或原样的铁器,锤锻时只会耗损十分之一。熔铁炉中所用的炭,其中煤炭约占十分之七,木炭约占十分之三。山区没有煤的地方,锻工便选用坚硬的木条烧成坚炭(俗称"火矢",它燃烧时不会变为碎末而堵塞通风口),火焰比煤更加猛烈。煤炭当中有一种叫"铁炭",燃烧起来火焰并不明显但温度很高,它与通常烧饭用的煤形状相似,但用途不同。

把铁逐节连接起来,并在接口处涂上黄泥,烧红后立即将它们锤合,这时泥渣就会全部飞掉。这里只是利用它的"气"作为媒介。锤合后,要不是烧红后再砍断,它是永远不会断的。熟铁或钢铁烧红锤锻后,由于水火还未完全配合起来并且相互作用,因此质地还不够坚韧。趁它们出炉时将其放进清水里淬火,这便是人们所说的"健钢"和"健铁"。这就是说,在钢铁淬火之前它在性质上还是软弱的。至于焊铁的方法,西方各国另有一些特殊的焊接材料。我国在小焊时用白铜粉作为焊接材料;而对大件的焊接,则采用尽力敲打使之强行接合的手法。然而过了一段时间后,接口也就脱焊而不牢固了。因此,在西方只有部分大炮是锻造而成的,而中国的大炮则完全是靠铸造的。

第二章 斤 斧

铁制的兵器中，薄的叫刀、剑，背厚而刃薄的则叫斧头或砍刀。最好的刀、剑，表面包的是百炼钢，里面仍然用熟铁当骨架。如果不是钢面铁骨，猛一用力就会折断。通常所用的刀、斧，只是在它们的表面嵌钢，即使能斩钉截铁的贵重宝刀，磨过几千次后，也会把钢磨尽而现出铁来。日本出产的一种刀，刀背不到两分宽，架在手指上却不会倾倒，不知道是用什么方法锻造出来的，这种技术还没有传到中国。

凡是健刀、健斧，都先要嵌钢或包钢，收拾整齐后再放进水里淬火，要使它锋利，还得在磨石上多费力才行。锻打斧头和铁椎装木柄的空腔，先要锻打一条铁模当作冷骨，然后把烧红的铁包在这条名叫“羊头”的铁模上敲打。冷铁模不会粘住热铁，取出后自然形成空腔。打石用的锤子用久了四面都会凹陷下去，用熔化的铁水补满填平后就可以继续使用。

第三章　锄　镈　锉　锥

锻造锄、镈　开垦土地、种植庄稼等农活使用的锄头和镈（宽口锄）等农具。它们的锻造方法是：先用熟铁锻打成形，再熔化生铁抹在锄口上，经过淬火后，就变得十分硬朗和坚韧。锻造的最佳比例是锹、锄，每重一斤淋上生铁三钱，生铁淋少了不够刚硬，淋多了又因过于硬脆而容易折断。

锉　锉刀是用纯钢制成的，在锉刀淬火前，它的钢质锉坯还是比较软的。此时先用经过淬火的硬钢小凿在锉坯表面划出成排的纵纹和斜纹，注意在开凿锉纹时要斜向进刀，纹沟才能有火焰似的锋芒。开凿后再将锉刀烧红，取出来稍微冷却一下，放进水中淬火，锉刀便告成功。锉刀使用时间久后会变得平滑，这时应先行退火使钢质变软，然后再用钢錾开凿出新的纹沟。不同种锉刀各有不同用处：开锯齿可以选择先用三角锉，然后再用半圆锉；修平铜钱可以选择用方长牵锉；加工锁和钥匙等可以选择用方条锉；加工骨角可以选择用剑面锉；加工木器可以选择用香锉，香锉没有成排的纵纹和斜纹，而是锥上许多圆眼（开凿锉纹时，要先将盐、醋及羊角粉拌和，涂上后再凿）。

锥　锥子（或者钻）是用熟铁锤成的，其中不必掺杂钢。装订书刊等时用的是圆钻，穿缝皮革等用的是扁钻。木工转索钻孔以拼合木板时用的是蛇头钻。蛇头钻的钻头有二分长，一面为圆弧形，两面挖有空位，旁边起两个棱角，以方便蛇头钻转动时更容易钻入。钻铜片用的是鸡心钻，其钻身上有三条棱的叫旋钻，钻身四方末端尖的叫打钻。

第四章　锯　刨　凿

锯　做锯片时，先把熟铁锻打成薄条，锻造过程中既不掺杂钢也不需要淬火，把薄条烧红取出退火后，再不断进行敲打，使它变得坚韧，然后就用锉刀开齿，锯片也就做成功了。锯的两端是用短木作为锯把，锯的中间连接一条横梁，用竹篾纠扭使锯片张开绷直。长锯可以用来锯开木料，短锯可以用来截断木料，最细的锯齿可用于锯断竹子。锯齿变钝时，就用锉刀将一个个锯齿锉得锋利，就可继续使用了。

刨　刨子是把一寸宽的嵌钢铁片磨得锋利，斜向插入木刨壳中，稍微露出点刃口，用来刨平木料。刨的古名叫"准"。大的刨子是仰卧露出点刃口的，木料用手拿着在它的刃口上抽削，这种刨叫"推刨"，制圆桶的木工经常用到它。平时常用的刨子，则在刨身上安一条横木，像一对翅膀，手执横木往前推。精细的木工还备有起线刨，这种刨子的刃口宽二分。还有一种叫蜈蚣刨，刨壳上装有十几把小刨刀，好像蜈蚣的足，能把木面刮得极为光滑。

凿　凿子用熟铁锻造而成，凿子的刃部嵌钢，凿身是一截中空的圆锥，以便装进木柄(锻凿时先打一条圆锥形的铁骨做模，这叫羊头，加工铁勺的木柄也要用到它)。用斧头敲击凿柄，凿子的刃就能方便地插入木料而凿成孔。凿子的刃部宽的约一寸，窄的约三分。如要凿成圆孔，则要另外制造弧形刃口的"剜凿"。

第五章　锚　针

锚　每当船只航行遇到大风难以靠岸停泊时，它的安全性完全依靠锚。战船或海船的锚，有的质量达到上万斤。它的锻造方法是先锤成四个铁爪子，后才将铁爪子逐一接在锚身上。三百斤以内的铁锚，可以先在炉旁安一块直径一尺的砧，当锻件的接口两端都烧红后，便掀去炉炭，用包着铁皮的木棍的一端把它们夹到砧上锤接。如果是一千斤左右的铁锚，则要先搭建一个木棚，让许多人都站在棚上，一齐握住铁链，铁链的另一端套住锚身两

图 10-1　锤锚

端的大铁环，把锚吊起来并按需要使它转动，众人合力把锚的四个铁爪逐个锤合上去。接铁用的“合药”不是黄泥，而用筛过的旧墙泥粉，将它不断地撒在接口上，一起与铁质锤合，这样接口就不会有微隙。在炉锤工作中，锚是最大的锻造物件。

针　制针的具体步骤是：先将铁片锤成细条，另外在一根铁尺上钻出小孔作为针眼，然后将细铁条从线眼中抽过拉成铁线，再将铁线逐寸剪断成为针坯。把针坯的一端锉尖，而将另一端锤扁，用硬锥钻出针鼻（穿针眼），再把针的周围锉平整。这时再放入锅里，用慢火炒。炒过后，就用泥粉、松木炭和豆豉三种混合物掩盖，下面再用火蒸。留两三根针插在混合物外面作为观察火候之用。当外面的针已经完全氧化到能用手捻成粉末时，表明混合物盖住的针已经达到火候。接着开封，入水淬火，便成为针。引线缝衣和刺绣所用的针都比较硬，只有福建附近的马尾镇的工人缝帽子所用的针才比较软，因而又叫柳条针。针与针之间软硬差别的关键就在于淬火方法的不同。

图 10－2　抽线琢针

第六章 冶 铜

红铜要加锌才能冶炼成黄铜，再熔化后才能制造成各种器物。如果加上砒霜等配料冶炼，可以得到白铜。白铜加工困难，成本也很高，只有奢侈的人才用它。由炉甘石升炼而成的黄铜，熔化后要趁热敲打。如果是加入锌而锤炼成的，则要在熔化后经过冷锤。铜和锡的合金（制法详见本书第十四卷《五金》）叫响铜，可用于做乐器，制造时须整块加工而不能由几部分焊接而成。方形或圆形的铜器，可用锻焊或加热黏合。小件的焊接可用锡粉作焊料，大件的焊接则要用响铜作焊料（把铜打碎加工成粉末，要用米饭黏合后再进行舂打，最后把饭渣洗掉便得到铜粉。如果不用米饭黏合，舂打时铜粉会四处飞散）。焊接银器要用红铜粉作焊料。

关于部分乐器的制造方法：锣不必先经过铸造，是在金属熔成一团后直接敲打而成；铜鼓和丁宁（古代行军时用的铜钲），就要先铸成圆片，后再进行敲打而成。无论是锤锣还是锤铜鼓，都要把铜块或铜片铺在地上进行敲打。其中大的铜块或铜片还要众人齐心合力敲打才行。铜块或铜片由小逐渐展阔，冷件敲打会从物体本身发出类似弦乐的声音。在铜鼓中心要打出一个突起的圆泡，后再用冷锤敲定音色。声音分为高与低，关键在于把握好铁锤起落的作用力大小，使圆泡的厚薄及深浅的细微差别：一般而言，重打数锤的声调比较低，而轻打数锤的声调比较高。铜质经过敲打后，表层会变成哑白色而无光泽，但经过锉刀加工后会复现黄色与光泽。锤打时铜会有损耗，但只是铁器损耗量的十分之一。铜有腥味而色泽美观，所以锻铜匠的收入水平要比铁匠高一等。

第十一篇　石灰、煤炭的煅烧

本篇介绍一些非金属矿物的处理与制造。这些非金属原料，如煤炭燃烧时会产生极大的热能，可用于冶炼金属、烧煮提炼其他合金等，石灰可用在固结、填塞缝隙等。因此，本篇可以说是进入重工业或大型制造业的入门。

在水、火、木、金、土五行中，土是产生万物之本。从土中能产生众多的贵重物品，金属只是其中的一种。金属与火相互作用而熔融流动可制成器物，这种功用真大啊。但是，石头经过烈火焚烧后也有其功用，而且越来越奇特。水会浸坏东西，凡是有空隙的地方，水都可以渗透，可以说水连一根头发丝般的裂缝都不放过。有了石灰这一类填补缝隙的东西，用它来填补船缝就能确保大船安全漂洋过海，用来砌砖筑城也能使城墙坚固。这种宝物，并不需要经过长途跋涉的艰苦努力就能得到。因此，大概没有东西比烧石的功用更大了。至于矾能呈现五色，硫能成为群石的主将，这些都是通过烈火变化生成的。炼丹术可以说是最巧妙的了，尽管炼丹术士唇焦舌烂地吹嘘怎样在炼炉内制得丹砂，又怎能比得上自然力的万分之一呢？

第一章　石灰　蛎灰

石灰　由石灰石经过烈火煅烧而成。石灰一旦成形后，即便遇到水也永远不会被破坏。多少船只，多少墙壁，凡是需要填隙防水的，一定要用到它。方圆百里之间，必定会有可供煅烧石灰的石头。石灰石以青色的为最好，黄白色的差些。石灰石一般埋在地下二三尺，可以挖出来煅烧，但表面已经风化的石灰石就不能用了。煅烧石灰的燃料，用煤的约占十分之九，用柴火或者炭的约占十分之一。先把煤掺入泥后做成煤饼，然后一层煤饼一层石相间着堆砌，底下铺柴引燃后煅烧。质量最好的叫矿灰，最差的叫窑滓灰。火候足后，石头就会变脆。放在空气中会慢慢风化成粉末。要用的时候可洒上水，会自动散开。

石灰的用途有很多，它能与桐油、鱼油调配后加上舂烂的厚绢、细罗，可用于塞补船缝；用于砌墙时，则要先筛去石块，再用水调匀捣黏；用于砌砖铺地时，仍用油灰；用于粉刷或涂抹墙壁时，先将石灰水澄清，再加入纸筋，然后涂抹；用于造坟墓或建蓄水池时，则是一份石灰加两份河沙和黄泥，再用糯米糊和杨桃藤汁拌匀，不必夯打便很坚固，很难损坏，这就叫三和土（俗称三合土）。此外，石灰还可用于染色业和造纸业等，用途繁多而难以一一列举。大体上说，在温州、台州、福州、广州一带，如果沿海的石头不能用于煅烧石灰，可寻找天然的牡蛎壳代替。

蛎灰　海滨一些临海石壁之处，由于海浪的长期冲击，会生长出层层堆积的蛎壳，福建一带称为“蚝房”。经过长时间积累而形成的蚝房可以达到几丈高、几亩宽，外形高低不平，如同假石山一样。一些蛤蜊一类的生物被冲入像岩石似的蛎房里面，经过长久消化就变成了肉团，名叫“蛎黄”，味道非常鲜美。煅烧蛎灰的人，拿着锥和凿子，涉水将蛎房凿取下来（药房销售的牡蛎就是这种碎块儿），去肉后，将蛎壳和煤饼堆砌在一起煅烧，方法与烧石灰石的方法相似。凡是砌城墙、桥梁等工程，将蛎灰调和桐油造船，功用都与石灰相同。有人误以为蚬灰（即蛤蜊粉）是牡蛎灰，是没有考察客观事物的缘故。

第二章 煤 炭

我国各地都出产煤炭，供冶金和烧石之用。南方不生长草木的秃山底下常有煤存在，北方不一定是这样的。煤大致有三种：明煤、碎煤和末煤。明煤块头大，有的像米斗那样大，产于河北、山东、陕西及山西。明煤不必用风箱鼓风，只需加入少量木炭引燃，便能日夜炽烈地燃烧。明煤的碎屑，则可以用干净的黄土调水做成煤饼来烧。碎煤有两种，多产于江苏、安徽和湖北等地。碎煤燃烧时，火焰高的叫"饭炭"，用来煮饭；火焰平的叫"铁炭"，用于冶炼。碎煤先用水浇湿，入炉后再鼓风才能烧红，以后只要不断添煤，便可继续燃烧。末煤呈粉状的叫"自来风"，用泥水调成饼状，放入炉内，点燃之后，便和明煤一样，日夜燃烧不会熄灭。末煤有的用来烧火做饭，有的用来炼铜、熔化矿石及炼取朱砂。烧制石灰、矾或硫，上述三种煤都可使用。

采煤经验丰富的人，从地面上的土质情况就能判断地下是否有煤，然后再往下挖掘，挖到五丈深井左右才能得到煤。煤层出现时，其中蕴含的毒气（瓦斯）会冒出。一种方法是将大竹筒的中节凿通，削尖竹筒末端，插入煤层，毒气便通过竹筒向上排出，人就可以下去用大锄挖煤了。井下发现煤层向四方延伸，人就可以横打巷道进行挖取。巷道要用木板支护，以防崩塌伤人。

煤层挖完后，如果用土把井填实，二三十年后，煤又会重生，取之不尽。煤层底板或围岩中有一种卵石，当地人叫"铜炭"，可用于烧取皂矾和硫黄

(在下文详述)。只能用于烧取硫黄的铜炭,气味特别臭,叫“臭煤”。在北京的房山、固安与湖北的荆州等地储有这种煤。

煤炭燃烧时,煤质全部烧完,不会留下灰烬,这是自然界中介于金属与土石之间的特殊品种。煤不产于草木茂盛的地方,可见自然界安排得十分巧妙。如果煤在炊事方面还有不足的话,那它仅仅是不适合用于做豆腐而已(用煤炉煮豆浆,结成的豆腐会有焦苦味)。

第三章　矾石　白矾

明矾是由矾石烧制而成的。白矾到处都有，出产最多的是山西的晋州和安徽的无为等地，价钱十分便宜，同寒水石的价钱差不多。然而，当水煮开后，将明矾放入沸水中溶化并用它来染东西时，能将颜色固结在所染物品的表面，不怕水浸。所以，制蜜饯、染画纸、染红纸都要用到明矾。此外，用干燥的明矾粉末撒在外伤患处，可用于治疗流出臭水的湿疹和疱疮等，因此也是皮肤科急需的药品。

为制取明矾，需先挖取矾石，用煤饼逐层垒积再行烧炼，烧制的方法与烧石灰石大体相同。等到火候烧足时，让它自然冷却，再放入水中溶解。再将水溶液煮沸，当看见有一些俗名叫“蝴蝶矾”的东西飞溅出来时，明矾便制成了。煮浓后，要装入缸内澄清。上面凝结的一层，颜色非常洁白，叫“吊矾”；沉淀在缸底的叫“缸矾”；质地轻如棉絮的叫“柳絮矾”。锅内溶液烧干后，剩下的便是雪白的巴石。经药家煅制后用于做药的，叫“枯矾”。

第四章 青矾 红矾 黄矾 胆矾

青矾 与皂矾、红矾、黄矾等都是由同一物质变化而来，性质却各不相同。先收取五百斤煤炭外层的矿石子（俗名铜炭）放入炉内，将一千多斤煤饼（不必鼓风就能燃烧的那种煤粉，因此名叫“自来风”）放在铜炭周围并包住这些矿石，将它们都投炉内。炉外修筑土墙将炉围起，炉顶留出一个孔径像茶碗口大小的大圆孔，让火焰能从炉孔中透出，炉孔旁边用矾渣盖严实（不知从什么时候开始有矾渣。奇妙的是，凡是起新炉子，不用旧渣掩住炉孔就会烧不成功），然后从炉底发火，估计这炉火要连续烧十天才会熄灭。燃烧时炉孔眼中不时有金色光焰冒出来（后文将详细叙述如何取硫）。

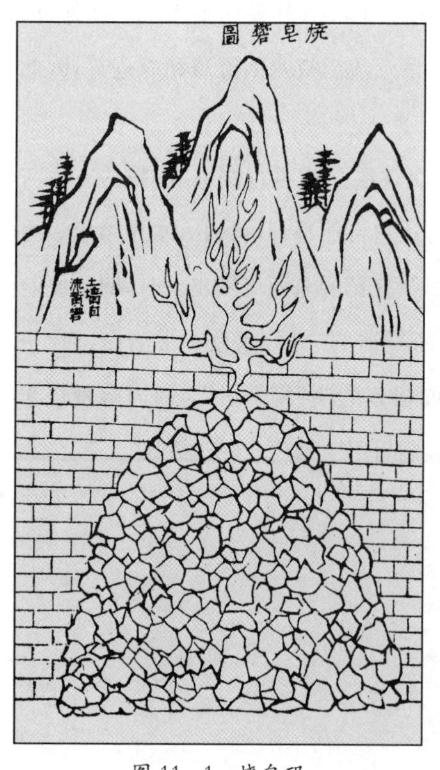

图 11-1 烧皂矾

皂矾与红矾 煅烧十天后，等待矾石都冷却后取出皂矾。其中半酥碎的另外挑出，这叫时矾，可用于煎炼红矾。将炉中留下的矿灰样精华部分放进缸里，用水浸泡约六小时，经过滤后再放入锅中煎炼。将十石水熬成一石水，才说明火候够足。等水快干时，上层结成的是优质的皂矾，下层便是矾渣(以后用这种矾渣盖炉顶)。这种皂矾是印染业必需的原料，整个中国制矾的也不外五六家。大概每五百斤石料可以炼出二百斤皂矾。另外挑出的时矾(俗名"鸡屎矾")，每斤加进黄土四两，再入罐熬炼，便成红矾。泥水工和油漆工经常用到红矾。

黄矾　黄矾的出现就更加奇异了。在每年春夏炼皂矾时，炉旁的土墙因吸附了矾的蒸气，到了霜降与立冬相交的季节，土墙干冷，矾便析出来。就好像淮北的砖墙上生出火硝一样，将它们刮下来，便是黄矾。染坊经常会用到它。如果器物上的金色太淡了，把黄矾涂上去放在火上一烤，立刻就会变成紫赤色。此外，还有外国运来的黄矾，打破以后中间会现出金丝来，名叫"波斯矾"，这是另外一个品种。

山西、陕西等地烧硫黄的山上，随地丢弃废渣两三年后，其中的矾质经过雨水的淋洗溶解后流到山沟里，经过蒸发也能结成皂矾。这种皂矾，就可取用或拿去出售了，不必再煎炼，其中成色好的，还被人用来冒充石胆。

胆矾　又叫石胆，产自陕西隰州等地。胆矾是在山崖洞穴中自然结晶形成的，因此它的绿色具有宝石般的光泽。将烧红的铁器淬入胆矾水中，铁器会立刻现出黄铜的颜色。

明朝李时珍撰写的《本草纲目》中虽然记载了矾有五类，但并没有区别它们的来源和关系。另外，状如黑泥的昆仑矾，状如赤石脂般的铁矾，都是西北地区出产的。

第五章　硫　黄

硫黄是由烧炼矿石时得到的液体经过冷却后凝结而成的，过去的著书者误以为硫黄都是煅烧矾石而取得的，把它叫“矾液”。事实上，煅烧硫黄的原料，有的来自当地特产的白石，有的来自煤层卵石中用于烧制皂矾的石块，这就成了“硫乃矾液”的说法。有人说凡是有温泉的地方就一定会有硫黄。可是，东南沿海一带出产硫黄的地方并没有温泉，这可能是温泉的气味很像硫黄的气味而猜想的吧。

图 11-2　烧取硫黄

烧取硫黄的矿石与煤层的卵石的形状相同。煅烧硫黄的大致步骤是：先用煤饼包裹矿石并堆垒起来，外面用泥土夯实作炉。每炉的石料和煤饼各千斤，炉上用烧硫黄的旧渣掩盖，炉顶中间要隆起，空出一个圆孔。燃烧到一定程度，炉孔内便会有金黄色的气体冒出。预先请陶工烧制一个中部隆起的盂钵，盂钵边缘往内卷成像鱼袋状的凹槽，烧硫黄时，将盂钵覆盖在炉孔上。硫黄的蒸气沿着炉孔上升，被盂钵挡住而不会逸散，于是便冷凝成液体，沿着盂钵的内壁流入凹槽，又通过小眼沿着冷却管道流进小池子，最终凝结而变成固体硫黄。

用煤层卵石烧取皂矾时，当黄色的蒸气上升时，也可以用上述方法收集硫黄。得硫一斤，就要减收皂矾三十多斤，因为皂矾的精华都已经转化为硫，剩下的枯渣便成为废物。

火药的主要原料是硫黄和硝石，硫黄是纯阳，硝石是纯阴，两种物质相互作用能引起爆炸，产生巨大的声响，这真是自然界造化出的奇物。北方少数民族居住的地方不出产硫黄，或者也有可能是有硫黄出产而不会炼取。新式枪炮出现在西洋与荷兰，这说明由东往西数万里，都有出产硫黄的地方。但是琉球的土硫黄、广东南部的水硫黄，则是错误的记载。

第六章　砒　石

烧制砒霜的原料——砒石，好似泥土却又比泥土硬实，类似石头但又比石头坚脆，向下掘土几尺就能得到砒石。江西信郡（今天的上饶地区）、河南信阳一带都有砒井，因此砒石也名“信石”。近来生产砒霜最多的则是湖南衡阳，一间工厂的年产量，能有达到上万斤的。砒井中，常常积有绿色的浊水，开采时要先将水除尽，然后再往下凿取。

图 11-3　烧砒

砒霜有红、白两种，各由原来的红、白色砒石烧制而成。烧制砒霜时，先在地下挖个土窑以堆放砒石，在上面砌个弯曲的烟囱，然后把铁锅倒过来覆盖在烟囱口上。在窑下引火烧柴，烟气便从烟囱内上升，熏贴在锅的内壁上。估计累计达到约有一寸厚时就熄灭炉火，等烟气冷却后，第二次起火燃烧。这样反复几次，一直到锅内贴满砒霜为止，才把锅拿下来，打碎锅而剥取砒霜。因此接近锅底的砒霜中常含有铁渣，那是锅的碎屑。白砒霜的制作方法只有这一种，红砒霜则还有在冶炼含砷的银铜矿石时，由分金炉内析出的蒸气冷结而成的。

烧制砒霜时，操作者必须站在风向上方十多丈远的地方。风向下方所触及的地方，草木都会死去。所以烧砒霜的人两年后一定要改行，否则会须发全部脱光。砒霜有剧毒，人只要吃一点点就会立即死亡。然而，每年都有价值千百万的砒霜畅销无阻，这是因为山西等地乡民都要用它来给豆和麦子拌种，而且还用它来驱除田中的鼠害；浙江宁波绍兴一带，也有用砒霜来蘸秧根而使水稻获得丰收的。不然的话，如果砒霜仅仅用于火药和炼铜，那用得了多少呢？

第十二篇　油的种类与榨油

现代人照明用电，不像古时候照明只能点油灯，除了烧菜外，其他用油（如机油），大部分都经化学工业提炼的。古代没有电也没有化工厂，点灯要用油，烧菜要用油，交通工具也要用油，这些油是从哪里来的？或者说，如何得到这些油呢？本书有详尽的解说。

平分昼夜是自然规律，然而人们却夜以继日地劳动，难道只是爱好劳动而厌恶安闲吗？纺织女工在柴火的照耀下织布，读书人借助雪的反光来读书，这做得成什么事呢？草木的果实中含有油膏脂液，但不会自发地流出来。要通过水火、木石的加工，才能倾注而出。人的这种聪明和技巧，真不知是从哪里得来的。

人们常用船、车运送东西到别处去。车轴上只要涂少量的润滑油，轮子就能灵活地转动起来；船身有了一石的油灰，缝隙就可以完全填补好。没有油脂，船、车就无法通行。乃至切碎的蔬菜入锅烹调，如果没有油，也是不行的。如此看来，油脂的功用是非常大的呢？

第一章　油　品

在食用油中，以胡麻油（又名脂麻油）、萝卜籽油、黄豆油和白菜籽油等为上品。苏麻油（苏麻子的形状像紫苏，颗粒比芝麻粒大些）、油菜籽油、茶籽油（茶树高的有一丈多，茶子外形像金樱子，去肉取仁）、苋菜籽油为次之，大麻仁油（大麻种子像胡荽子，皮可以搓制绳索）为下品。

点灯所用的油料则以乌桕水油为最佳，油菜籽油为第二，亚麻仁油（陕西所种的亚麻，俗名壁虱脂麻，气味不太好闻，不堪食用）、棉籽油为第三，胡麻籽油（用来点灯耗油量会最大）为第四，桐油和桕混油则为下品（桐油毒气熏人，连皮膜榨出的桕混油凝结不清）。制造蜡烛，则以桕皮油为最适宜的油料，蓖麻籽油、加白蜡凝结的桕混油为第二，加白蜡凝结的各种清油为第三，樟树籽油（点灯时光度不弱，但有人不喜欢它的香气）为第四，冬青籽油（只有韶关地区才用，但嫌其含油量少，因此列为次等）为第五。北方普遍用的牛油，则是很差的下等油料。

芝麻和蓖麻籽、樟树籽，每石可以榨油四十斤。莱菔籽每石可以榨油二十七斤（味道很好，对人的五脏有益）。油菜籽每石可以榨油三十斤，如果除草勤、土壤肥、榨的方法又得当的话可以榨四十斤（放置一年后，籽实就会内空而变得无油）。茶籽每石可以榨油十五斤（油味像猪油一样好，但得到的枯饼只能用来引火或药鱼）。桐籽仁每石可以榨油三十三斤。柏树籽核和皮膜分开榨时，就可以得到皮油二十斤、水油十五斤，混在一起榨时则可以得柏混油三十三斤(籽、皮都必须干净)。冬青籽每石可以榨油十二斤。黄豆每石可以榨油九斤(江苏南北和浙江北部一带取豆油食用,豆枯饼则作为喂猪的饲料)。白菜籽每石可以榨油三十斤(油清澈得好像绿水一样)。棉籽每一百斤可以榨油七斤(刚榨出来时油色很黑、混浊不清,放置半个月后就很清了)。苋菜籽每石可以榨油三十斤(味甘可口,但嫌冷滑)。亚麻仁、大麻仁每石可以榨油二十多斤。以上所列举的只是大概的情况,其他油料及其榨油率,没有进行深入考察和试验,或者有的已经在某个地方试验过但尚未推广,那就有待以后再补述。

第二章　法　具

制取油料的方法，除了压榨法外，还有用两口锅煮取的方法，用来制取蓖麻油和苏麻油。制取芝麻油，北京用的是研磨法，朝鲜用的是舂磨法。其余的油都是用压榨法制取。榨具要用周长达到两臂伸出才能环抱住的木材来做，将木头中间挖空。用樟木做的最好，用檀木与杞木做的要差一些（杞木做的怕潮湿、容易腐朽）。这三种木材的纹理都是缠绕扭曲的，没有纵直纹。因此把尖的楔子插在其中并尽力舂打时，木材的两头不会拆裂，其他有

图 12－1　南方榨

直纹的木材则不适宜。中原地区长江以北很少有两臂抱围的大树，可用四根木拼合起来，用铁箍箍紧，再用横栓拼合起来，中间挖空，以便放进用于压榨的油料，这样就可把散木当作完整的木材使用。

作油榨的木料中间要掏空，至于要挖空多少则要以木料的大小为准，大的可以装下一石多油料，小的还装不了五斗。做油榨时，要在中空部分凿开一条平槽，用弯凿削圆上下，再在下沿凿一个小孔。再削一条小槽，使榨出的油能流入接收器中。平槽长三四尺，宽三四寸，具体大小根据榨身而定，没有一定的格式。插入槽里的尖楔和枋木都要用檀木或柞木来做，其他木料不合用。尖楔用刀斧砍成而不需要刨，因为要它粗糙而不要它光滑，以免滑出。撞木和尖楔都要用铁圈箍住头部以防披散。

榨具准备好了，就可以将蓖麻籽或油菜籽等油料放进锅里，用文火慢炒（凡属木本的柏籽、桐籽等的籽实，都要碾碎后蒸熟而不必炒制）到透出香气时就取出来，碾碎、入蒸。炒蓖麻籽、菜籽要用六寸深的平底锅比较合适，将籽仁放进锅后不断翻拌。如果锅太深，翻拌又少，就会因籽仁受热不均匀而降低油的产量和质量。炒锅斜放在灶上，跟蒸锅大不一样。碾槽埋在地面上（木制的要用铁片覆盖），上面用一根木杆穿过圆铁饼的圆心，两人相对一齐向前推碾。资本雄厚的则用石块砌成牛碾，一头牛拉碾的劳动效率相当于十个人的劳动效率。也有些籽实，如棉籽等，只能用磨而不需要用碾。碾后再筛，粗的再碾，细的放入甑子

图 12-2 炒、蒸油料

里蒸。当蒸气升腾至足够饱和时取出，用稻秆或麦秆包裹成大饼的形状，饼外围的箍用铁打成或用竹篾交织而成，这些箍要与榨中空隙的尺寸相符合。

油是通过蒸气而提取的，“有形”生于“无形”，所以出甑子时如果包裹动作太慢就会使一部分蒸气逸散，出油率降低。技术熟练的人能做到快倒、快裹、快箍，得油多的诀窍全在这里。有的榨工从小做到老还不明白这个诀窍。油料包裹好后，就可以装入榨具中，挥动撞木把尖楔打进去挤压，油就像泉水一样流出来了。包裹里剩下的渣滓叫枯饼。胡麻、莱菔、芸苔等的初次枯饼都要重新碾碎，筛去茎秆和壳刺，再蒸、再包和再榨。第一次榨已经得到一份油了，第二次榨还能得到第一次油量的一半。如果是柏籽、桐籽之类的籽实，则第一次榨油已全部流出，因此不必再榨。

水煮法制油，是同时使用两口锅，将蓖麻籽或苏麻籽碾碎，放进一口锅加水煮至沸腾，上浮的泡沫便是油。用勺子撇取，倒入另一口没有水的干锅中，下面用慢火熬干水分，便得到油。不过用这种方法得到的油量毕竟有所降低。北京用研磨法制取芝麻油，是把磨过的芝麻装在粗麻布袋里进行扭绞的，这种方法以后再详细研究。

第三章　皮　油

用皮油制造蜡烛是江西广信郡创始的。把洁净的乌桕子整个放入饭甑里蒸煮，蒸好后倒入臼内舂捣。臼约一尺五寸深，碓身是用石块制造的，不用铁嘴，而采取深山中坚实而细滑的石块制成。琢成后质量限定为四十斤，上部嵌在平衡木的一端，便可以舂捣了。乌桕籽核外包裹的蜡质舂过后全部脱落，取出来，把蜡质层筛掉后放入盘里再蒸，然后包裹入榨，方法同上。乌桕籽外面的蜡质脱落后，里面剩下的核籽就是黑籽。用一座不怕火烧的冷滑小石磨（这种磨石也是从广信的深山中找到的），周围堆满烧红的炭火加以烘热，将黑籽逐把投入快磨。磨破后，就用风扇掉黑壳，剩下的便全是白色的仁，如梧桐籽一样。将这种白仁碾碎上蒸后，用前文所述的方法包裹、入榨。榨出的油叫“水油”，非常清亮，装入小灯盏中，用一根灯芯草就可点燃到天明，其他的清油都比不上它。食用对人没有伤害，但有些人不放心，不愿食用。

用皮油制造蜡烛的方法是：将苦竹筒破成两半，放在水里煮胀（否则会黏带皮油）后，用小篾箍固定，用尖嘴铁勺装油灌入筒中，再插进烛芯，便成了一支蜡烛。过一会儿待蜡冻结后，顺筒捋下篾箍，打开竹筒，将烛取出。另一种方法是把小木棒削成蜡烛模型，并裁一张纸，卷在上面做成纸筒。然后将皮油灌入纸筒，也能凝结成一支蜡烛。这种蜡烛无论风吹尘盖，还是经历冷天和热天，都不会变坏。

第十三篇　造纸的方法

纸是用植物纤维制造的能任意折叠且被用于书写的片状物。纸是书写、印刷的载体，也可用于包装、卫生等，如打印纸、复写纸、卫生纸、面纸等。早在2 200年前，西汉初期已有纸，但很粗糙，没有被广泛应用。公元105年，东汉蔡伦改进了造纸术，他被尊为现代造纸术的鼻祖。本篇主要介绍造纸的各种流程。

事物的精华、天地的奥妙，从古代传到现在，从中原抵达边疆，使后人通过阅读了然于心，是用什么材料记载下来的呢？君主与臣下交换意见，老师给学生传授课业，如果只是凭借口头语言，又能解决多少问题呢？但是，只要有短短一张文符或半卷书本，就能把有关事物的道理阐述清楚，就能使政令风行天下，疑难也会像冰雪融化般消释。自从世上有了纸，聪明的人和愚钝的人都从中受益。纸是以竹骨和树皮为原料造成的。除去树木的青色外层就造成了白纸，于是诸子百家的万卷图书才有了书写和印刷的物质基础。精细的纸用在这方面，而粗糙的纸则用来糊窗挡风和包装。造纸的事早在上古时就已经开始了，但有人把它说成是汉、晋时期由某个人发明的，这种见识是多么浅陋啊！

第一章　纸　料

用楮树(亦名谷树)、桑树和木芙蓉等第二层皮制造的纸叫“皮纸”,用竹麻造的纸叫“竹纸”。精细的纸非常洁白,可用于书写、印刷和制请帖;粗糙的纸则用于制作火纸和包装纸。“杀青”就是从砍竹去青而得到的名称。“汗青”则是以煮沥而得到的名称。“简”是已经造成的纸。因为煮竹能成“简”和纸,后人就误认为削竹片可以记事,进而还错误地以为古代的书册都是用皮条穿编竹简而成的。在秦始皇焚书以前,已经有很多书籍,如果纯用竹简,又能写几个字呢?西域一带的人用贝树造成纸页,而我国中土人士误传他们可以用贝树叶来书写经文(即“贝叶经”)。他们不懂得树叶离根就会焦枯的道理,这跟削竹记事的说法是同样可笑的。

第二章 造 竹 纸

竹纸是南方制造的，其中以福建为最多。当竹笋生出后，到山窝里观察竹林长势，将要生枝叶的嫩竹是造纸的上等材料。每年到芒种节令，便可上山砍竹。把嫩竹截成五至七尺一段，就地开一口山塘，灌水漂浸。为了避免

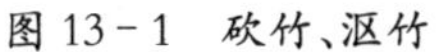
图 13－1 砍竹、沤竹

图 13－2 蒸煮

塘水干涸，用竹制导管不断引水入塘。浸到一百天开外，把竹子取出再用木棒敲打，最后洗掉粗壳与青皮（这一步骤叫“杀青”）。这时候的竹纤维就像苎麻一样，再用优质石灰调成乳液拌和，放入楻桶里煮上八天八夜。

蒸煮竹料的锅直径约四尺，用黏土调石灰封固锅的边沿，使其高度和宽度类似于广东中部沿海地区煮盐的“牢盆”，里面可以装十多石水。上面盖上周长约一丈五尺、直径约四尺的楻桶。竹料加入锅和楻桶中，煮八天就足够了。停止加热一天后，揭开楻桶，取出竹麻，放到清水塘里漂洗干净。漂塘底部和四周都要用木板合缝砌好以防止沾染泥污（造粗纸时不必如此）。竹麻洗净后，用柴灰水浸透，再放入锅内按平，铺一寸左右厚的稻草灰。煮沸后，就把竹麻移入另一桶中，继续用草木灰水淋洗。如果草木灰水冷却了，要煮沸后再淋洗。这样经过十多天，竹麻自然就会蒸烂。把它拿出来放入臼内舂成泥状（山区都有水碓），倒入抄纸槽内。

图 13-3　荡帘抄纸

图 13-4　覆帘压纸

抄纸槽像一个方斗，大小由抄纸帘的尺寸而定，抄纸帘又由纸张的尺幅来定。抄纸槽内竹料已制成，便放入清水，水面高出竹浆约三寸，加入纸药水汁(这种纸药液用一种好像桃竹叶的植物叶子制成，各地的名称都不一样)，这样抄成的纸干后便会很洁白。

抄纸帘是用刮磨得极其细的竹丝编成的，展开时下面有木框托住。两只手拿着抄纸帘放进水中，荡起竹浆让它进入抄纸帘中。纸的厚薄可以由人的手法来调控、掌握：轻荡则薄，重荡则厚。提起抄纸帘，水便从帘眼流回抄纸槽；然后把帘网翻转，让纸落到木板上，叠积成千上万张。等到数目足够时，就压上一块木板，捆上绳子并插进棍子，绞紧，用类似榨酒的方法把水分压干，然后用小铜镊将纸逐张揭起，焙干。烘焙纸张时，先用土砖砌两堵墙形成夹巷，底下用砖盖火道，夹巷之内盖的砖块每隔几块砖就留出一个空位。火从巷头的炉口燃烧，热气从留空的砖缝中冒出而充满整个夹巷，等到夹巷外壁的砖都烧热时，就把湿纸逐张贴上去焙干，再揭下来放成一叠。

图 13－5　焙纸

近世生产一种宽幅的纸，叫大四连，用于书写，显得贵重。等到它用废后，废纸也可以洗去朱墨、污秽，浸烂后入抄纸槽再造，依然成纸，损耗不多，因此节省了浸竹和煮竹等工序。南方竹子数量多而且价钱低，也就用不着这样做。北方即使是寸条片角的纸丢在地，也要随手拾起来再造，这种纸叫“还魂纸”。竹纸与皮纸、精细的纸与粗糙的纸，都是用上述方法制造的。至于火纸与粗纸，斩竹、制取竹麻、用石灰浆、用稻草灰水淋洗等工序都和前面讲的相同，只是脱帘后不再烘焙，压干水分后放在阳光下晒干即可。

盛唐时期，很时兴拜神祭鬼，祭祀时烧纸钱而不再烧帛（纸钱北方则用切条，名为板钱），因而这种纸叫“火纸”。湖南、湖北一带近来的风俗有的浪费到一次烧火纸就达到上千斤。这种纸十分之七用于祭祀，十分之三供人日常所用。其中最粗糙的厚纸叫包裹纸，是用竹麻和隔年晚稻的稻草制成的。江西铅山等地出产的请纸，完全是用细竹料加厚抄成的，用于抬高价格。其中最上等的纸称官请纸，供富贵人家制作名片用。这种纸厚实而没有粗筋，如果把它染红用作办喜事的红“吉帖”，就要先用明矾水浸过，再染上红花汁。

第三章　造　皮　纸

剥取楮树皮最好是在春末夏初进行。如果树龄老的，就在接近根部的地方将它砍掉，再用土盖上，第二年又会长出新树枝，它的皮会更好。制造皮纸，用楮树皮六十斤，加上嫩竹麻四十斤，一起放入池塘漂浸，然后再涂上石灰浆，放到锅里煮烂。近来又出现了比较经济的办法，就是用十分之七的树皮和竹麻原料，用十分之三的隔年稻草制造，若纸药用得恰当，纸质很洁白。结实的皮纸，扯断纵纹就像丝绵一样，因此又叫绵纸，要想把它横向扯断更不容易。其中最好的一种叫棂纱纸，这种纸是江西广信郡造的，长七尺多，宽四尺多。染成各种颜色是先将色料放进抄纸槽内而不是做成纸后才染成的。其次是连四纸，其中最洁白的叫红上纸。还有名为皮纸而实际上是用竹子与稻草为原料制成的纸，叫揭帖呈文纸。

用木芙蓉等树皮造的纸都叫小皮纸，在江西则叫中夹纸。河南造的纸不知道用的是什么原料，这种纸供京城人使用，产地十分广泛。还有用桑皮造的纸叫桑穰纸，纸质特别厚，是浙江东部出产的，江浙一带收蚕种时都必定会用到它。糊雨伞和油扇则都要用小皮纸。

制造又长又宽的皮纸，所用的水槽要很宽、纸帘很大，一个人干不了，就需要两个人对抄。如果是棂纱纸，则需要好几个人才行。凡是用来绘画和写条幅的皮纸，要先用明矾水浸过后才不会起毛。贴近竹帘的一面为纸的正面，因为料泥都浮在上面，纸的反面就比较粗。

朝鲜的白硾纸,不知道是用什么原料做成的。日本有些地方造的纸不用帘抄,制作方法是将纸料煮烂后,将宽大的青石放在炕上,在下面烧火而使石发热,用刷子把纸浆薄薄地刷在青石面上,揭一次就是一张纸。朝鲜是不是用这种方法造纸,我们不得而知。中国有没有用这种方法,也不清楚。温州永嘉的蠲糨纸也是用桑树皮制造的。四川的薛涛笺,则以木芙蓉皮为原料,煮烂后加入芙蓉花的汁,制成彩色的小幅信纸。这种做法可能是薛涛个人提出来的,所以"薛涛笺"的名字流传至今。这种纸的优点是颜色好看,而不是它的质料好。

第三卷

本卷记载金属矿物的开采和冶炼，兵器的制造，颜料、酒曲的生产，以及珠玉的采集加工等。

第十四篇　金属的开采与冶炼

本篇主要介绍各种常见的金属，包括金、银、铜、铁、锡、铅等的开采和冶炼。除了贵重金属金和银，其他各种金属都各有用途，如铜、铁可用来铸造金属器具，还能与其他金属熔合成合金。金属器具铸造另有专篇介绍，本篇以金属材料的开采与炼制为主。

《左传·昭公七年》中写道：人分为王、公、大夫、士、皂、舆、隶、僚、仆、台十等。这是地地道道的等级制度，以为缺少一个等级，人的立身处世之道就建立不起来了。其实，大地真的产生出了贵贱不同的各种金属（五金），以供人类及其子孙后代享用，这两者的含义相似。贵金属，大概一千里之外才有一处出产，近的也要五六百里才有。五金中最贱的金属，在交通稍有不便的地方，就会有大量的储藏。最好的黄金，价值要比黑铁高一万六千倍，然而，如果没有铁制的锅、刀、斧之类供人们日常生活之用，即使有了黄金，也不过好比只有高官而没有百姓了。金属还可铸成钱币，作为贸易交往中的流通手段，《周礼》中写道：泉府一类官员掌管铸钱，以牢牢控制万物的命脉。分辨金属的好坏，指出它们价值的大小，这又是谁开的头，使它们彼此相辅相成而又永远地起作用呢？

第一章　黄　金

黄金是五金中最贵重的金属，一旦熔化成形，永远不会发生变化。白银入熔炉熔化虽然不会有损耗，但当温度足够高时，用风箱鼓风引起金花闪烁，出现一次就没有了，再鼓风也不再出现金花。只有黄金，用力鼓风时，鼓一次金花就闪烁一次，火越猛金花出现越多，这也是黄金之所以珍贵的原因。中国的产金地区有一百多处，难以一一枚举。山石中所出产的金，大块的叫“马蹄金”，中块的叫“橄榄金”或“带胯金”，小块的叫“瓜子金”。在水沙中所出产的，大块的叫“狗头金”，小块的叫“麦麸金”“糠金”。在平地挖井得到的叫“面沙金”，大块的叫“豆粒金”。这些都要先经淘洗后进行冶炼，才成为整颗整块的金子。

黄金多半产于我国西南地区，采金的人在山上开凿矿井十多丈深，一看到伴金石，就可以找到金了。这种石块呈褐色，一头好像给火烧黑了似的。蕴藏在河里的沙金，大多数产于云南的金沙江（古名丽水），这条江发源于青藏高原，绕过丽江府，流至北胜州，迂回达五百多里，出金处有好几段。此外，四川北部的潼川等州和湖南的沅陵、溆浦等地，都可在江沙中淘得沙金。在千百次淘取中，偶尔会获得狗头金，叫“金母”，其余的不过是麦麸形状的金屑。

采集的金在冶炼时，最初呈浅黄色，再炼就转化成赤色。海南岛的澹、崖两地都有砂金矿，金夹杂在沙土中，不用深挖就可以获得。由于太频繁淘金，便不会再出产，一年到头不断挖取、熔炼，即使有也是很有限的。在广东、广西少数民族地区的洞穴中，刚挖出来的金好像黑色的四氧化三铁屑，这种金要挖几丈深，在黑焦石下面才能找到。刚采得的金拿来咬一下，是柔软的，采金的人有时偷偷把它吞进肚子里，也不会对人体有伤害。河南的汝南一带，江西的乐平、新建等地，都是在平地开挖很深的矿井，采得细矿砂淘炼而得到金的，由于消耗劳动力太大，扣除人工费用外，所得很少。大概在我国要隔千里才会找到一处金矿。《岭表录异》中记载："有人从鹅、鸭屎中淘取金屑，多的每日可得一两，少的毫无所获。"这个记载恐怕是虚妄不可信的。

金是单位体积质量较大的金属，假定铜每立方寸重一两，银则每立方寸要增加三钱重；再假定银每立方寸重一两，金则每立方寸增加二钱重。黄金的另一种性质就是柔软，能像柳枝那样屈折。至于它的成分高低，大抵青色的含金七成，黄色的含金八成，紫色的含金九成，赤色的则是纯金。把这些金在试金石（这种石头在江西信江流域的河里很多，大的有斗那样大，小的就像拳头，把它放进鹅汤里煮一下，就显得像漆那样又光又黑）上划出条痕，用比色法就能分辨出这些金的成色。纯金中掺入别的金属作伪出售，只有银可以掺入，其他金属都不行。如果要想除去银而只保留金，就要将杂金打成薄片，剪碎，每块用泥土涂上或包住，然后放入坩埚中加入硼砂后熔化，这样银被泥土吸收，让金水流出来，成为纯金。可另外放一点铅入坩埚中，又可以把泥土中的银吸附出来，而丝毫不会有损耗。

黄金以其华美的颜色为人所推崇。因此，人们将黄金加工打造成金箔用于装饰。每七厘黄金可捶成一平方寸的金箔一千片，把它们粘铺在器物表面，可以盖满三尺见方的面积。金箔的制法是：把金锤成薄片，再包在乌金纸里，用力挥动铁锤打成（打金箔的锤大约有八斤重，柄很短）。乌金纸是苏州或杭州制造的，用东海的大竹膜纤维作原料。纸做成后点起豆油灯，将灯周围封闭，只留下一个针眼大的小孔通气，经过灯烟的熏染即可制成乌金纸。每张乌金纸供捶打金箔五十次后就不能再用了，若还未破损，可以给药铺作包朱砂用，这可是凭工匠精妙的工艺制造出来的奇妙材料。

夹在乌金纸里的金片被打成箔后，先把硝制过的猫皮绷紧成小方板，再将香灰撒满皮面，拿出乌金纸里的金箔放上去，用钝刀画成一平方寸的方格。操作者须屏住呼吸，拿一根轻木条用唾液沾湿，小心翼翼地粘起金箔，夹在小纸片里。用金箔装饰物件时，先用熟漆在物件表面上涂刷一遍，然后将金箔粘贴上去(贴字时多用楮树浆)。陕西中部制造的皮金，是用硝制过的羊皮拉至极薄，然后把金箔贴在皮上，供剪裁服饰使用。贴上金箔的器物都显出辉煌夺目的美丽颜色。凡用金箔粘贴过的物件，如果日后破旧不用，可以刮下金箔用火烧，金质就留在灰里。加入几滴菜籽油，金会积聚沉底，淘洗后再熔炼，可以全部回收而毫无损耗。

使器物呈现金色效果的常用方法：杭州的扇子是用银箔做底，涂上一层红花籽油，再在火上熏一下做成金色的。广东、广西的货物是用蝉蜕壳磨碎后浸水来描画，再用火稍微烤一下就呈现金色。当然，这些都不是真金的颜色。即使由金做成的器物，因成色较低而颜色浅淡的，也可用黄矾涂染，在炭火中稍烤一下，也会成赤宝色。但是，日子久了又会逐渐褪色，如果再把它拿到火中烤一下，又可以恢复赤宝色(黄矾详见《燔石》卷)。

第二章　银

中国产银的情况大体上是这样的：浙江和福建两地原有的银矿坑场，到了明初时，有的仍然在开采中，有的已经关闭。江西饶州、信州和瑞州地区，有些银坑从来没有开采过。湖南的辰州，贵州的铜仁，河南的宜阳赵保山、永宁秋树坡、卢氏高嘴儿、嵩县的马槽山，四川的会川密勒山，以及甘肃的大黄山等处，都有优良的产银矿场，其余的地方就难以一一列举。不过，这些银矿没有多少产量。因此每次开采时，如果采银的数量达不到原定的最低限额，不够偿付搜刮及加派的苛捐杂税，采银很不景气。如果法制不严，又很容易出现偷窃争夺而造成祸乱的事件，禁戒律令又不得不十分严苛。河北和山东一带，由于天气寒冷，矿层又薄，因而不出产金银。以上八地合起来的产银总量还比不上云南一地产银量的一半，所以开矿炼银，只有在云南一地可以长期持续。

云南的银矿，以楚雄、永昌和大理三个地方储量最为丰富，曲靖、姚安次之，镇沅最差。凡是石山洞里蕴藏有银矿的，在山上就会出现一堆堆带有微褐色的小石头，银矿分成若干枝杈般的支脉。采矿人要挖土一二十丈深才能找到矿脉，这种巨大的工程强度不是几天或几个月所能完成的。找到了银矿苗后，才能知道银矿石的具体分布。银矿埋藏得很深，而且像树枝那样有主干、枝干。采矿人会跟踪银矿苗分成几路横挖找矿，一边挖一边还要搭架横板用于支撑坑顶，以防塌方。采矿人提着灯笼分头挖掘，一直到取得矿砂为止。在土里的银矿苗,有的掺杂着一些黄色碎石,有的在泥隙石缝中出现有乱丝的形状,这都表明银矿就在附近了。

图 14-1 开采银矿

银矿石中,含银较多的成块矿石叫“礁”,细碎的叫“砂”,其表面分布成树枝状的叫“铆”,外面包裹着的石块叫“围岩”。围岩大的像斗,小的像拳头,都是可以抛弃的废物。礁砂形状像煤炭,底下垫着石头因而显得不那么黑。礁砂的品质分几个等级(矿场主挖到矿砂后,先要呈交官府验辨分级,然后再行定税)。刚出土的矿砂用斗量过后,交给冶工去炼。品质高的矿砂每斗能炼出纯银六七两,中等的矿砂能炼出纯银三四两,最差的能炼出的纯银只有一二两(那些特别光亮的礁砂,由于里面的精华已经被泄漏得太多,最终得到的纯银反而偏少)。

礁砂在入炉前,先要进行手选、淘洗。炼银的炉子是用土筑成的,土墩高五尺左右,炉子底下铺上瓷片和炭灰之类的东西,每个炉子可容纳银矿石二石。用栗木炭二百斤,放在银矿石周围。靠近炉旁还要砌一道砖墙,高和宽各一丈多。风箱安装在墙背，由两三个人拉动风箱以鼓风。靠这一道砖墙来隔热，拉风箱的人才能安全操作。等到炉里的炭烧完时，就用长铁叉陆续添加木炭。如果风力与火力够了，炉里的礁砂就会熔化成团，这时的银还混在铅里而没有被分离出来。两石礁砂熔成团后约有一百斤。

待熔炉冷却后取出团料，放入另一个名叫分金炉或虾蟆炉的炉子里，用松木炭围住熔团，透过一个小门辨别火色。可以用风箱鼓风，也可以用扇子送风。达到一定的温度时，熔团重新熔化，铅就沉到炉底（炉底的铅已成为氧化铅，再放进别的炉子里熔炼，可以得到扁担铅）。冶炼过程中要不断用柳树枝从门缝中插入炉内燃烧，如果铅全部被氧化成氧化铅，就可以提炼出纯银来了。刚炼出来的银叫生银。倒出来凝固后的银如果表面没有丝纹，就要再熔炼一次，直到凝固的银锭中心出现一种云南人叫“茶经”的圆星。接着加入一点铜，重新用铅来协助熔化，然后倒入槽里就会出现丝纹（倒进槽里才能出现丝纹，是因为四周被围住，银气不会四处走散）。云南楚雄的

图 14－2　沉铅结银

银矿有些不一样，那里的矿砂含铅太少，还须向其他地方采购铅来辅助炼银。每炼银矿石一百斤，就得先在炉子里垫二百斤铅，然后才鼓风将矿砂冶炼成团。至于再转到虾蟆炉里使铅沉下分离出银的方法则是相同的。银的开采和熔炼用的就是这种方法，并没有其他方法。讲炼丹的方书和谈医药的《本草纲目》中，常常没有根据地乱想乱注，真令人讨厌。

一般说来，金和银都是大地里面隐藏着宝气的精华，因此出金的地方三百里之内没有银矿，产银的地方三百里之内也没有金矿。大自然的安排设计，从这里也能看出个大概。有的干粗活儿的人把扫刷到的泥尘聚集后放进水里淘洗，再熬炼出银，这叫"淘厘锱"。操劳一天，少的只能得到三分银子，多的有六分银子。这些银屑都是平常从剪刀或斧子口上掉下来的，或者是由鞋底从市集的街道行走所带上的土，或者是从院子房舍扫出来被抛弃在河边的。泥尘中必然会夹杂着一些银屑，这并不是浅的浮土上所能出产的。

世间使用的银，只有红铜和铅两种金属可以掺混进去用于作假，但是把

图 14-3　分金炉清锈底

碎银铸成银锭时，就可以除去杂质提炼成纯银。方法是将杂银放在坩埚里，送进高温炉火中熔炼，撒上一些硝石，其中的铜和铅便全部结在埚底，这叫除银锈。那些敲落在灰池里的叫炉底。将银锈和炉底一起放进分金炉里，用土甑子装满木炭起火熔炼，铅就会首先熔化，流向低处，剩下的铜和银可以用铁条分拨，两者就会分开。人工与天工的关系由此可见一斑。

附：朱砂银

那些虚伪的炼丹术士用炉火术来骗人，用朱砂银愚弄人是比较容易的。在罐子里放入铅、朱砂与等量的白银，封存起来，用火低温养二十一天后，朱砂含有银的成分，成为很好的宝物。把银子挑出来，剩下的看似银，实际上已经没有银了，光是渣滓。放铅炼时，随着火力铅有损耗，再炼几次，一点儿都不剩了。损失了朱砂、炭的钱，愚者不解此理，还抱着贪恋不放，我把这也记录下来。

第三章　铜

世间用的铜，开采后经过熔炼得来的只有红铜一种。如果加入炉甘石或锌共同熔炼，就会转变成黄铜；如果加入砒霜等药物，可以炼成白铜；加入明矾和硝石等药物可炼成青铜；加入锡则得到响铜；加入锌得到铸铜。然而最基本的质地不过是红铜一种而已。

铜矿到处都有，《山海经》一书中提到全国产铜的地方共有四百三十七处，这或许是有根据的。今天我国供人使用的铜，要算西部的四川、贵州两地出产最多，东南多是由海上运来从国外输入的，湖北武昌以及江西广信，也都有丰富的铜矿。从湖南衡州（今衡阳）、瑞州（今江西高安）等地出产的蒙山铜，品位较低，仅可以在铸造时掺入，不能熔炼成坚实的铜块。

图 14－4　穴取铜铅

产铜的山总是夹土带石的，要挖几丈深才能得到，取得的矿石仍然有围岩包在外层。围岩的形状好似姜，表面呈现一些铜的斑点，故又叫“铜璞”。把它拿到炉里去冶炼，仍然会有一些铜流出来，不像银矿的脉石那样完全是废物。铜砂在矿里的形状不一样，有的大，有的小，有的光，有的暗，有的像黄铜矿石，有的则像姜铁。把铜砂夹杂着的土滓淘洗掉，再入炉熔炼，经过熔化后从炉里流出来的，就是自然铜，也叫“石髓铅”。

铜矿石有几个品种，其中有全部是铜而不夹杂铅和银的，只要入炉一炼就成。有的却和铅混杂在一起，这种铜矿的冶炼方法是：在炉旁留高低两个孔，先熔化的铅从上孔流出，后熔化的铜则从下孔流出。日本等处的铜矿，也有与银矿在一起的，放进炉里熔炼时，银会浮在上层，铜沉在下面。由商船运进中国的铜，叫日本铜，它是铸成长方形板条状的。福建漳州人得到后，又把这种铜入炉再炼，取出其中零星的银，然后铸成薄饼模样，像四川的铜那样出售。

图 14－5　淘净铜矿砂、化铜

由红铜炼成可以锤锻的黄铜，要用一百斤自风煤（这种煤细碎如粉，和泥做成煤饼来烧，不需要鼓风，从早到晚炉火通红。产于江西宜春、新余等地）放入炉里烧，在一个泥瓦罐里装铜十斤、炉甘石六斤，放入炉内，让它自然熔化。后来人们因炉甘石挥发得太厉害，损耗很大，就改用锌。每次红铜六斤，配锌四斤，先后放入罐里熔化，冷却后取出就是黄铜，可供人们打造各种器物。

制造乐器用的响铜，要把两广产的不含铅的锡放进罐里与铜同熔。制造锣、鼓一类乐器，一般是用红铜八斤，掺入广锡二斤；制造铙、钹所用铜和锡还须进一步精炼。制造供冶铸的铜器物，用质量较差的铜器，一般含红铜和锌各一半，甚至锌占六成而铜占四成；好的铜器则要用经过三次或四次熔炼的所谓“三火黄铜”或“四火熟铜”来制成，其中含铜七成、锌三成。

那些制造假银的，只有纯铜可以掺入。如果掺杂有锌、砒、矾等物质，永远都不能互相结合。然而铜混进银里，使白色立刻变成红色，再入炉鼓风熔炼，等它全部熔化后，此时哪个清、哪个浊、哪个浮、哪个沉，就能辨识得清清楚楚，银和铜便分离得干干净净。

图 14-6 炼锌

附：倭铅

“倭铅”（锌）在古书里本来没有什么记载，只是到了近代才有了这个名字。它是由炉甘石熬炼而成的，大量产于山西太行山一带，其次是湖北荆州和湖南衡州。熔炼的方法是：每次将十斤炉甘石装进一个泥罐，泥罐外面涂泥封固，再将表面碾光滑，让它渐渐风干。千万不要用火烤，以防泥罐开裂。

然后用煤饼一层层地把装炉甘石的罐垫起来，在下面铺柴引火烧红，最终泥罐里的炉甘石就能熔成一团。等到泥罐冷却后，将罐子打烂后取出来的就是锌(倭铅)，每十斤炉甘石会损耗两斤。但是，这种锌如果不与铜结合，一见火就会挥发成烟。由于它很像铅而又比铅的性质更猛烈，所以叫“倭铅”。

第四章　铁

全国各地都有铁矿，而且都是浅藏在地表中而不深埋于洞穴。产得最多的，是在平原和丘陵地带，而不在高山峻岭上。铁矿石有土块状的“土锭铁”和碎砂状的“砂铁”等。铁矿石呈黑色，暴露在泥土上面，形状好像秤锤，远看就像一块铁，用手一捏却成了碎土。如果要进行冶炼，就可以把浮在土面上的铁矿石拾起来，还可以在下雨地湿时，用牛犁耕浅土，把那些埋在泥土里几寸深的铁矿石翻到地面上后捡起来。犁耕过后，铁矿石还会逐渐生长，不会用完的。我国西北的甘肃和东南的福建泉州都盛产这种土锭铁，而北京、遵化和山西临汾是盛产“砂铁”的地区。一挖开表土层就可以找到“砂铁”，把它们取出淘洗后，再入炉冶炼。熔炼出来的铁跟来自土锭铁中的铁是相同品质。

铁分为生铁和熟铁两种：已经出炉但没有炒过的是生铁，炒过以后便成了熟铁。把生铁和熟铁混合熔炼就变成钢。炼铁炉是用掺盐的泥土砌成的，大多数是依傍着山洞而砌，有些是用大根木头围成框框，用盐泥做成炉子，需要花个把月时间，绝不能轻率贪快。盐泥一旦出现裂缝，就会前功尽弃。一座炼铁炉一般可以装入铁矿石两千多斤，燃料有的用硬木柴，有的用煤或用木炭，南方北方可根据实际状况就地取料。鼓风的风箱要由四个人或六个人一起推拉。铁矿石化成铁水后，就会从炼铁炉腰孔中流出来，这个孔要事先用泥塞住。白天十二个小时中，每两小时就能炼出一炉子铁。出

图 14-7　耕土拾铁锭

图 14-8　淘洗铁矿砂

铁后，立即用叉拔泥，把孔塞住，然后再鼓风熔炼。

如果是生产供铸造用的生铁，就让铁水注入条形或圆形的铸模里。如果是生产熟铁，便在离炉子几尺远而又低几寸的地方筑一口方塘，四周砌上矮墙。让铁水流入塘内，几个人拿着柳木棍，站在矮墙上。事先将污潮泥晒干，舂成粉，再筛成像面粉一样的细末。一个人迅速把泥粉均匀地撒播在铁水上面，另外几个人就用柳棍猛烈搅拌，这样很快就炒成了熟铁。柳木棍每炒一次便会燃掉二三寸，再炒时就得更换新的。炒过后，稍微冷却，就可在塘里将熟铁划成方块，也可以拿出来锤打成圆块，然后出售。但是，湖南浏阳那些冶铁场不懂这种技术。

炼钢的方法是：先将熟铁打成约一寸半长、如手指般宽的薄片，然后把薄片包扎紧，将生铁放在扎紧的熟铁片上面（广东南部有一种叫堕子生铁的

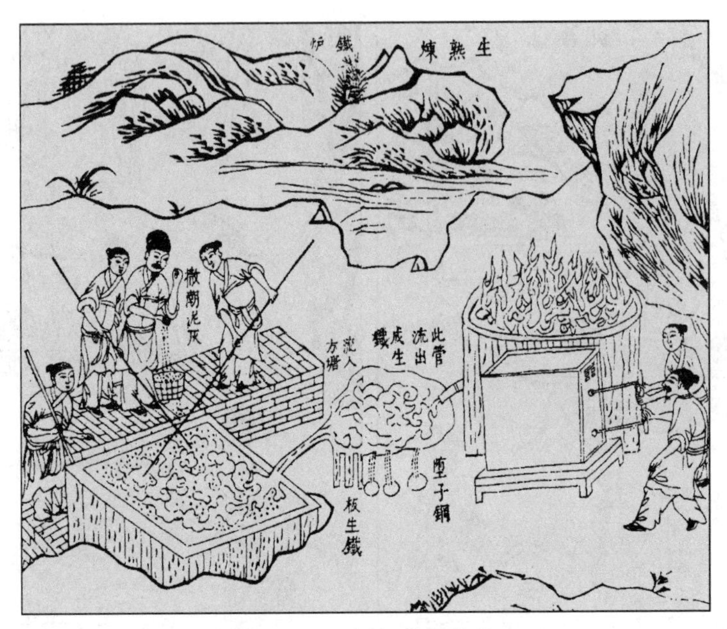

图 14－9　生铁、熟铁炼炉

最适宜)。再盖上破草鞋(要沾有泥土,才不会被烧毁),在熟铁片底下还要涂上泥浆。投进洪炉中进行鼓风熔炼,达到一定温度后,生铁熔化而渗入熟铁中,两者相互融合。取出后进行敲打,再熔炼,再敲打,如此反复多次。这样锤炼出来的钢,俗名叫团钢,也叫“灌钢”。

日本出的一种刀剑,用的是经过百炼的精纯的好钢,白天放在屋檐的日光下,会使整个屋子都变得明亮。这种钢不是用生铁和熟铁炼成的,有人把它称为“下乘云”。日本人又有用地溲(即石脑油之类的东西,我国中原地区不出产)来为刀剑淬火的,据说这种钢刀可以切玉,但没有见过。打铁时铁里偶尔会出现一种非常坚硬的、打不散的硬块,这东西叫“铁核”。如果涂上香油再次敲打,铁核就会消散。凡是在山的北坡有铁矿的,山的南坡就会有磁石,好几个地方都有这种现象,但并不都如此。

第五章　锡

中国的产锡地主要分布在西南地区，而东北地区很少见。古书中称锡为“贺”，是因为广西贺县一带产锡最多而得名。今天供应全国的大量的锡，仅广西的南丹、河池两州就占了八成，湖南的衡州、永州次之。云南的大理、楚雄虽然产锡很多，但路途遥远，难以供应内地。

图 14－10　河池山锡

图 14－11　南丹水锡

锡矿分山锡和水锡两种。山锡又分锡瓜和锡砂两种。锡瓜像小葫芦瓜，锡砂像豆粒，都可以在不很深的地层里找到。偶尔还会有这样的情况，原生矿床所含的矿脉露出地表后发生风化和崩解，而形成呈条带状分布的次生矿，可任凭人们拾取。水锡产于湖南衡州和永州两地的小溪里，广西则产于南丹河里。这种水锡是黑色的，细碎得好像是筛过了的面粉。南丹河出产水锡，居民十天前从南淘到北，十天后再从北淘到南，都有收获。这些矿砂不断生长出来，千百年都取之不尽。但是，一天的淘取和熔炼也就一斤左右，计算所耗费的炉炭成本，获利不多。南丹的山锡产于山的北坡，那里缺水淘洗，因此就用许多根竹管连接起来当导水槽，从山的南坡引水过来洗矿，把泥沙除掉，然后入炉。

图 14－12 炼锡炉

熔炼时也要用洪炉，每炉入锡砂数百斤，添加的木炭也要数百斤，一起鼓风熔炼。当火力足够时，锡砂还不一定会马上熔化，这时要掺少量的铅去引发，锡才会大量熔流出来。也有采用别人的炼锡炉渣引发。洪炉炉底用炭末和瓷灰铺成平池，炉旁安装一条铁管小槽，炼出的锡水被引入炉外低池内。锡出炉时洁白，但太脆，一经敲打就会碎裂，故要加铅使锡质变软，才能用于制造各种器具。市面上卖的锡掺铅太多，如果需要提纯，就应在把它熔化后与醋酸反复接触八九次，其中所含的铅便会形成渣灰而被除去。生产纯锡只有这种方法。有的医药书上说可以从马齿苋中提取草锡，这是胡说。所谓发现了砒就一定有锡矿的苗头的说法，也是信口雌黄。

第六章　铅

产铅的矿山比产铜矿和锡矿的矿山都要多。按品质来分，铅矿有三种：第一种出于银矿脉中含银的铅矿，这种矿初炼时和银熔成一团，再炼时脱离银而沉底，名为“银铅矿”。我国云南出产最多。第二种夹杂在铜矿脉石里，入炉冶炼时，铅比铜先熔化流出，名为“铜山铅”。我国贵州出产最多。第三种产自山洞中找到的纯铅矿，采矿人凿开山石，点着油灯在山洞里寻找铅脉，好像采银矿时的那种曲折情况。采出来后再加淘洗、熔炼，名为“草节铅”。这种矿以四川的嘉州（乐山）和利州（广元）两地出产最多。除此之外，还有四川的雅州（雅安）出产的“钓脚铅”，形状像皂荚子，又好像蝌蚪，出自山涧的沙里。江西广信郡的上饶和饶郡的乐平等地出产杂铜铅，剑州还出产阴平铅，难以一一列举。

银矿铅的熔炼方法是：先从银铅矿中提取银，剩下的作为“炉底”，再把“炉底”炼成铅。草节铅则单独放入洪炉里冶炼，洪炉旁通一条管子以便浇注入长条形的土槽里，这样铸成的铅俗称“扁担铅”，也叫“出山铅”，用于区别从银炉里多次熔炼出来的铅。铅的价格虽然便宜，可是变化特别奇妙，白粉和黄丹是化成的。此外，促使白银矿的炉底提炼精纯的银、使锡变得很柔软，都是铅起的作用。

附：胡粉

制作胡粉的方法是：先把一百斤铅熔化后再削成薄片，卷成筒状，安置在木甑子中。甑子下面及甑子中间各放置一瓶醋,外面用盐泥封固,并用纸糊严甑子缝。用大约四两木炭的火力持续加热七天后,再把木盖打开,就能见到铅片上面覆盖的一层霜粉,将粉扫进水缸里。那些还未产生霜的铅再放进甑子里,按照原来的方法再次加热七天后,再次收扫,直到铅用尽为止,剩下的残渣可作为制黄丹的原料。

每扫下霜粉一斤,加进豆粉二两、蛤粉四两,在缸里把它们调和搅匀,澄清后再把水倒去。用细木炭粉做成一条沟,沟上平铺几层纸,将湿粉放在上面。待水分快吸干时把湿粉截成瓦形或方块状,等到完全风干后才收藏起来。由于古代只有湖南的辰州和广东的韶州制造这种粉,所以叫韶粉(民间误叫朝粉),今天全国各地都有制造。这种粉用作颜料,能长期保持白色;如果妇女经常用它来粉饰脸颊,涂多了就会使脸色变青。将胡粉投入炭炉中煅烧,仍会还原为黑色的铅,这就是所谓至白还原为黑的道理。

附:黄丹

制炼铅丹的方法是用铅一斤、土硫黄十两、硝石一两配合。铅熔化变成液体后,加进一点醋。沸腾时再投入一块硫黄,过一会儿再加进一点硝石,沸腾停止后再按程序加醋,接着再加硫黄和硝石,就这样下去直到炉里的东西都成为粉末,就炼成黄丹了。如要将制胡粉时剩余的铅炼成黄丹,那就只要加硝石、矾石炒,不必再加醋了。如想把黄丹还原成铅,则要用葱白汁拌入黄丹,慢火熬炒,等到有黄汁流出时,就还原为黑色的铅。

第十五篇　兵器的制造

自古以来，只要有人的地方，就会有摩擦。两个人的摩擦会引起争吵，两个国家的摩擦，最激烈的状态就是战争。但凡战争，为了求胜利，就要研制兵器。在明代，随着传教士的东来，西洋武器也传入了。本篇介绍传统武器和西洋武器的制造方法与作用。

用兵是圣人不得已做的事。舜帝在位五十余年，只有苗部族没有归附。即使是贤明的帝王，谁能放弃战争和取消兵器呢？“武器的功用，就在于威慑天下”，这句话由来已久。写作《老子》一书的人，怀有“无为而治”的理想，书中有句话说：“兵器这玩意儿，是不吉祥的东西。”那只是警诫人们用兵要慎重罢了。

制造新式枪炮的技巧，是由西域传入中国的，并很快变化百出，日新月异。时至今日，中国有些带兵的人已把发展兵器放在第一位，这种想法正确吗？

第一章　弧　矢

造弓，要用竹片和牛角做正中的骨干（东北少数民族地区没有竹，就用柔韧的木料），两头接上桑木。未按紧弓弦时，竹在弓弧的内侧，角在弓弧的外侧起保护作用；安紧弓弦后，角在弓弧的内侧，竹在弓弧的外侧。弓的本体是用一整条竹片，牛角则两段相接。弓两头的桑木末端都刻有缺口，使弓弦套紧。桑木本身与竹片互相穿插接榫，并削光一面贴上牛角。

动手造弓时，先削竹片一根（秋冬季节砍伐的竹子较好，因为春夏季节砍下的竹子易蛀朽），中腰略小，两头稍大一些，长约两尺左右。一面用胶粘贴上牛角，另一面用胶粘铺上牛筋，加固弓身。两段牛角之间互相咬合（北方少数民族没有长的牛角，就用羊角分四段相接扎紧。广东一带的弓，不单用水牛角，有时也用半透明的黄牛角），用牛筋和胶液固定，外面再粘上桦树皮加固，这就叫“暖靶”。桦树，东北地区产在辽阳，华北地区以河北遵化最多，西北地区以甘肃临洮最多，福建、广东和浙江等地也有出产。用桦树皮作为保护层，手握起来感到柔软，所以造弓把一定要用它。即使是刀柄和枪身也要用到它。最薄的就可用来作为刀剑的套子。

牛脊骨里都有一根细长的筋，重约三十两。宰牛后将该筋取出来晒干，再用水浸泡，然后将它撕成苎麻丝那样的纤维。北方少数民族没有蚕丝，弓弦都是用这种牛筋缠合的。中原地区则用它铺护弓的主干，或者用它来作为弹棉花的弓弦。胶是从鱼鳔、杂肠中熬取的，大多数在安徽宇国地区熬炼。东海有一种石首鱼，浙江人常用它晒成美味的鱼干，用它的鳔熬成的胶比铜铁还要牢固。北方少数民族用其他海鱼的鳔熬成的胶，同中原的一样牢固，只是种类不同而已。天然的这几种东西，缺少一种就造不成良弓，看来这并不是偶然的。

弓坯子刚做成后，要放在屋梁高处，地面不断地生火烘焙，短则放置十来天，长则两个月，等到胶液干透后，就拿下来磨光，再一次添加牛筋、涂胶和上漆，这样做出来的弓质量就很好了。有的卖弓人没有到足够的烘焙时间就把弓卖出，以致日后有可能脱胶。

用柘蚕丝做弓弦的弓会更加坚韧。每条弦用二十多根丝为骨，然后用丝线横向缠紧。缠丝时分成三段，每缠七寸左右就留空一两分不缠。这样，在弦不上弓时就可以折成三节收起。过去北方少数民族都用牛筋为弓弦，每逢夏天雨季就怕它吸潮松脱而不敢贸然出兵打仗。现在到处都有丝弦，有人用黄蜡涂弦防潮，不用也不要紧。弓两端系弦的部位，要用最厚的牛皮或软木做成像小棋子那样的垫子，用胶粘在牛角末端，这叫“垫弦”，作用跟琴弦的码子差不多。放箭时弓弦的回弹力很大，有了垫弦就可以抵消它，否则会损伤弓弦。

图 15－1　端箭、试弓定力

造弓还要按人的挽力大小来分轻重。上等力气的人能挽一百二十斤，超过这个数值的叫虎力，但这样的人很少见。中等力气的人能挽八九十斤，下等力气的人只能挽六十斤左右。弓拉满弦时，箭能射中目标。但是，在战场上能射穿敌人的胸膛或铠甲的，当然是力气大的射手;力气小的人如果有能射穿杨树叶或射中虱子的,也能以巧取胜。测定弓力的方法是:可以用脚踩弓弦,将秤钩钩住弓的中点往上拉,弦满时,推移秤锤称平,就可知道弓力大小。做弓材料的分量是,上等力气的人所用的弓用牛角和竹片削好后约重七两,牛筋、胶、漆和缠丝约重八钱,这是大概的数字。中等力气的人相应减少十分之一或五分之一,下等力气的人减少五分之一或十分之三。

弓的保管:收藏弓最怕潮湿(阴雨天气到来的时间是先南后北,开始的节气分别是:岭南在谷雨,江南在小满,江北在六月,河北、山东一带在七月。而以淮河和扬州地区的阴雨天气为最多)。有的军官家里设置烘厨或烘箱,每天都用炭火放在下面烘(不仅是阴雨天,春秋下雨或多雾的天气也都这样做)。士兵没有烘厨或烘箱,就把弓放在灶头烟道的凸起上。稍微照管不周到,弓就会朽坏解脱(近年来朝廷命令南方各地造弓解送北京,被纷纷退回,就是因为他们不知道弓如果离火就坏的道理,也没有人就此事上奏朝廷陈述原因)。

箭杆的用料各地也不尽相同,我国南方用竹,北方使用柳木,北方少数民族则用桦木。箭杆长二尺,箭头长一寸,这是一般的规格。做竹箭时,削竹三四条并用胶黏合,再用刀削圆刮光。然后再用漆丝缠紧两头,这叫"三不齐"箭杆。浙江和广东南部有天然的箭竹,不用破开黏合。柳木或桦木做的箭杆,只要选取圆直的枝条稍加削刮就可以了。竹箭本身很直,不必矫正。木箭杆干燥后势必变弯,矫正的办法是用一块几寸长的木头,上面刻一条槽,叫"箭端"。将木杆嵌在槽里逐寸刮拉而过,杆身就会变直。即使原来杆身头尾重量不均匀的也能得到矫正。

箭杆的末端刻有一个小凹口,叫"衔口",以便扣在弦上,另一端安装箭头。箭头是用铁铸成的(《尚书·禹贡》记载的那种石制箭头,是用一种土办法做的,并不适用),至于箭头的形状,北方少数民族做得像桃叶枪尖,广东南部黎族人做的像平头铁铲,中原地区做的则是三棱锥。响箭之所以能迎风飞鸣，巧妙就在于小小的箭杆上锥有孔眼，这就是《庄子》说的“嚆矢”。

箭飞得正还是偏，飞得快还是慢，关键都在箭羽上。在箭杆末端近衔口的地方，用脬胶粘上三条三寸长的三足鼎立形的翎羽，叫箭羽（鳔胶也怕潮湿，因此勤劳的将士经常用火来烘烤箭）。所用的羽毛，以雕的翅毛最好（雕像鹰而比鹰大，尾长而翅膀短），角鹰的翎羽第二，鹞鹰的翎羽第三。南方造箭的人，固然没希望得到雕翎，就是鹰翎也很难得到，急用时只好用雁翎，甚至用鹅翎来充数。雕翎箭飞得比角鹰、鹞鹰翎箭快十多步而且端正，还能抗风吹。北方少数民族的箭羽大多数用雕翎。如果角鹰或鹞鹰翎箭是精工制作的，效果跟雕翎箭差不多。可是，鹅翎箭和雁翎箭射出时手不应心，一遇到风就会歪到一边。南方的箭比不上北方的箭，原因就在这里。

第二章　弩　干

弩是镇守营地的重要兵器，不适用于冲锋陷阵。其中直的部分叫弩身，横的部分叫弩翼，扣弦发箭的开关叫弩机。砍木做弩身，长约二尺。弩身的前端横拴弩翼，拴翼的孔离弩面划定一分厚（稍微厚了一些，弦和箭就配合不精准），与弩底的距离则不必计较。弩面上还要刻上一条直槽用于盛放箭。有的弩翼只用一根柔木做成，叫扁担弩，这种弩的射杀力最强。如果弩翼是在一根柔木下面再用竹片（挨次缩短）叠撑的就叫“三撑弩”“五撑弩”或“七撑弩”。弩身后端刻一个缺口扣弦，旁边钉上活动扳机，将活动扳机上推即可发箭。上弦时全靠人的体力。由一个人脚踏强弩上弦的，《汉书》称为“蹶张”材官。弩弦把箭射出，快速无比。

弩弦用苎麻绳为骨，还要缠上鹅翎，涂上黄蜡。弩弦装上弩翼时虽然拉得很紧，但放下来时仍然是松的，所以鹅翎的头尾都可以夹入麻绳内。弩的箭羽是用箬竹叶制成的。把箭尾剖开一点，然后把箬竹叶夹进去并将它缠紧。射杀猛兽用的药箭，则用草乌熬成浓胶蘸涂在箭头上，这种箭一见血就能使人畜丧命。强弓可以射出二百多步远，而强弩只能射五十步远，再远一点就连薄绢也射不穿。然而，弩比弓要快十倍，穿透物体的深度也要大一倍。

明朝作为军器的弩有神臂弩和克敌弩，都是能同时发出两三支箭的。还有一种诸葛弩，弩上刻有直槽可装箭十支，弩翼用最柔韧的木制成。另外还安有木制弩机，随手扳机就可以上弦，发出一箭，槽中又落下一箭，又可以再拉扳机上弦发一箭。这种弩机结构精巧，但射杀力弱，射程只有二十来步远。这是民间用来防盗的，并不是军队所用的兵器。山区的居民用来射杀猛兽的弩叫“窝弩”，装在野兽出没的地方，拉上引线，野兽走过时一触动引线，箭就会自动射出。每发一箭，所得的收获只是一只野兽罢了。

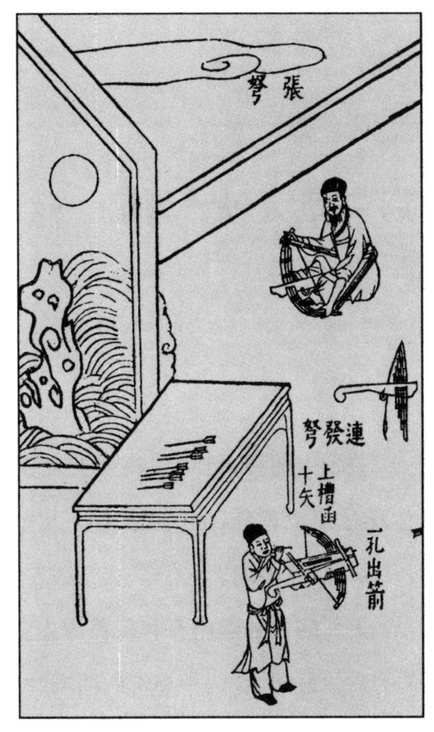

图 15－2　张弩、连发弩

“干戈”这个名字在兵器中是最为古老的，“干”和“戈”相连成为一个词，是因为后代的步兵和手握短兵器的骑兵经常配合使用干和戈。右手执短刀，左手执干（盾牌）以抵挡敌人的箭。古代的战车上，有人专门负责拿着盾牌，用来保护同车的人免中敌方的来箭。要是双手拿着长矛或戟，就腾不出手来拿盾牌。盾牌长度一般不会超过三尺，用杞柳枝条编织成的直径约一尺的圆块放在颈下部，盾牌上方的尖部突出五寸长尖齿，下端接有一根轻竿可供手握，放在脖子下面进行防护。另有一种盾叫“中干”，那是步兵拿来挡箭或长矛用的，俗称“傍牌”。

第三章　火　药　料

关于火药和火器，现在那些妄图博取高官厚禄的人，个个都是高谈阔论，著书呈献朝廷，他们说的不一定都是经过试验的。在这里还是要粗略写上几页，附在卷内。

火药的成分以硝石和硫黄为主、木炭粉为辅。其中硝石的阴性最强，硫黄的阳性最强，这两种神奇的阴阳物质在没有一点空隙的地方相遇，就会爆炸起来，不论人还是物都要魂飞魄散、粉身碎骨。硝石纵向的爆发力大，所以用于射击的火药成分是硝九硫一。硫黄横向的爆发威力大，所以用于爆破的火药成分是硝七硫三。作为辅助剂的木炭粉，可以用青杨、枯杉、桦树根、箬竹叶、蜀葵、毛竹根、茄秆等烧制成炭，其中以箬竹叶炭末最为燥烈。

战争中采用火攻的有毒火药、神火药、法火药、烂火药、喷火药等。毒火药以白砒、硇砂为主，再加上金汁、银锈、人粪混合配制；神火药以朱砂、雄黄、雌黄为主；烂火药要加上硼砂、瓷屑、猪牙皂荚、花椒等；飞火药要加上朱砂、雄黄、轻粉、草乌、巴豆；劫营火药则要用桐油、松香。这些配方只是个大概。至于焚烧狼粪的烟会白天黑、晚上红，迎风直上，以及江豚的灰还能逆风燃烧，这些都只是传闻，必须先得经过试验，亲眼看到，才能详加说明。

第四章 硝石 硫黄

硝石这种东西，中国和外国都有，而中国只有西北地区才出产。东南地区卖硝石的人如果没有官府下发的运销凭证，就会以走私的名义而被治罪。硝石和盐都是在地底下生成的，随着潮气向上而呈现在地面。近水而土层薄的地方形成盐，靠山而土层厚的地方形成硝。因为它入水即消溶，所以人们又称其为“消”。长江、淮河以北地区，过了中秋节后，即使在室内隔天扫地，也可扫出少量的粗硝，以供进一步煎炼提纯。

我国有三个地方出产硝石最多。其中，四川产的叫川硝，山西产的叫盐硝，山东产的叫土硝。把刮扫来的粗硝（土墙中有时也有硝冒出来）放进缸里，用水浸一夜，捞去浮杂，然后放进锅中，加水煎煮直到硝完全溶解并经充分浓缩后，倒入容器，经过一晚便析出硝的晶体。其中浮在上面的叫芒硝，芒长的叫马牙硝（这都是各地出产的硝再经过纯化得到的），而沉在下面含杂质较多的叫“朴硝”。如要除去杂质还需要加水煮。若扔进去几块萝卜一起煮熟后，再倒入盆中，经过一晚便能析出雪白的晶体，这叫“盆硝”。用牙硝和盆硝制造火药，它们的功用相同。

用硝制造火药，少量的可以放在新瓦片上焙干，多的就要放在土锅中焙。焙干后，立即取出研成粉末。不能用铁碾在石臼里研磨硝，因为铁石摩擦一旦产生火花，造成的灾祸就不堪设想。硝和硫按照某种火药所要求的配方比例拌匀研磨后，木炭粉随后才能加入。硝焙干后，时间久了又会返潮，因此大炮所用的硝药，大多数是临时装进去的。

硫黄和硝混合后，才能使火药爆炸。北方少数民族地区不产硫黄，硝石产量虽然多也用不上。因此，中原地区对硫黄是严禁贩运的。大炮点火，要用硝和木炭粉混合搓成导火线，不要加入硫黄，不然引线导火就会失灵。硫黄很难单独碾碎，每两硫黄加入一钱硝一起碾磨，很快就可以碾成像尘一样的粉末。

第五章　火　器

西洋炮是用熟铜铸成的，圆得像铜鼓。放炮时，半里之内，人和马都会吓死（在平地点燃引线时，装上可以使炮身转动的机关，转到一个缺口才停下来。炮手点燃引线后马上往回跑并跳进深坑里，这时炮声在高处爆响，炮手才不至于受伤或丧命）。

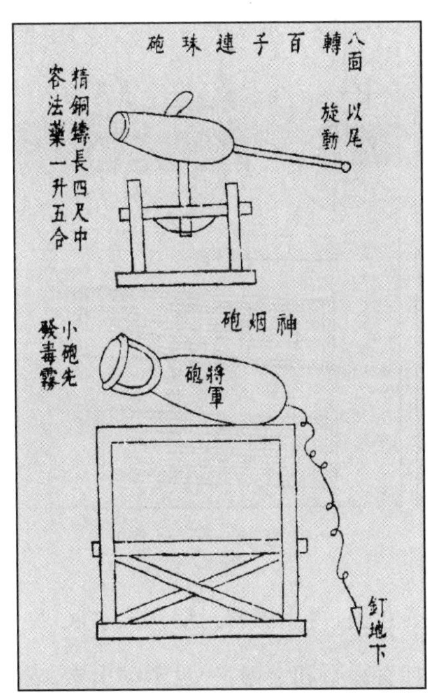

图 15 - 3　百子连珠炮、将军炮

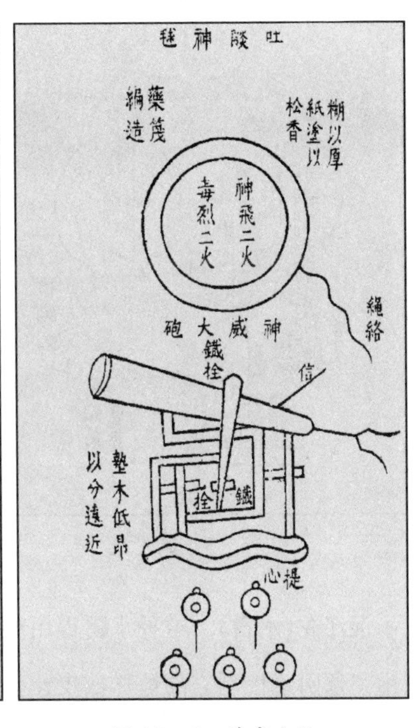

图 15 - 4　神威大炮

红夷炮　是用铸铁制造的，炮身长一丈多，用于守城。炮膛里装有几斗铁丸和火药，射程可达二里，被击中的目标会炸得粉碎。大炮引发时，首先会产生很大的后坐力，炮位必须用墙顶住，墙也因此而崩塌是常见的事。

大将军、二将军　是小一点的红夷炮，在中国已算是大家伙了。佛郎机可用于水战，常装在船头。

至于**三眼铳**、**百子连珠炮**可参见上述插图。

地雷　埋藏在泥土中，用竹管套上保护引线，引爆时冲开泥土而起杀伤作用，地雷本身当然同时炸裂。这便是所谓的“横击”，是因为火药的配方中用了较多硫黄的缘故(引线要涂上矾油，引线入口处要用盆覆盖)。

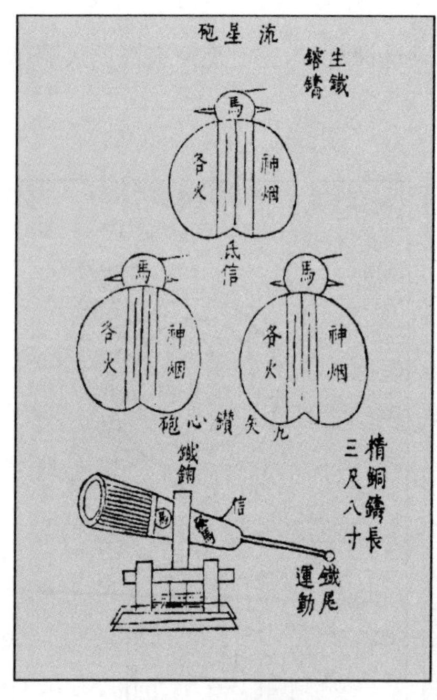

图 15－5　流星炮

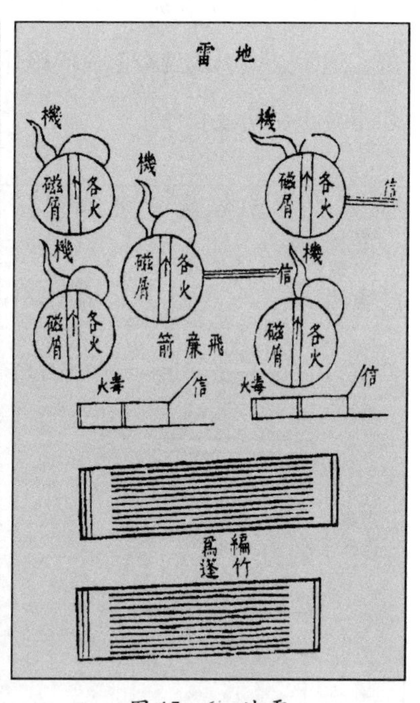

图 15－6　地雷

混江龙(水雷)　这种水雷得用皮囊包裹，再用漆密封后沉入水底，岸上则用一条引索控制它的爆炸。皮囊里挂有火石和火镰，一旦牵动引索，皮囊里自然就会点火引爆。敌船如果碰到它就会被炸坏，但它毕竟是笨重的家伙，需预先放置。

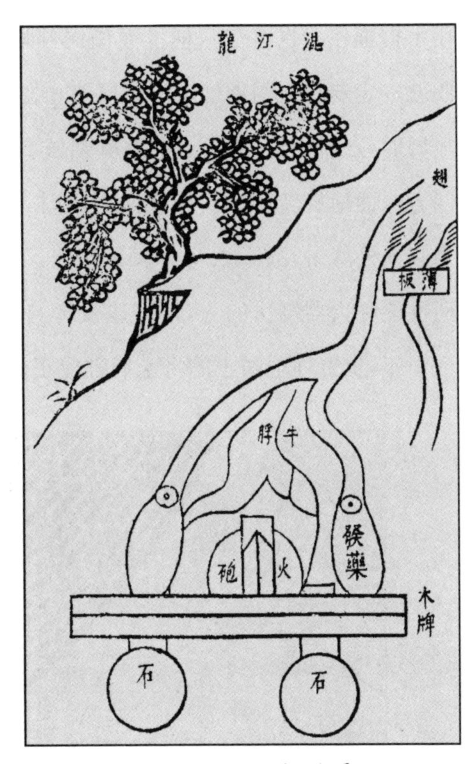

图 15－7　混江龙(水雷)

鸟铳　约有三尺长，装火药的铁枪管嵌在木托上，以方便手握。锤制鸟铳时，先用一根像筷子一样粗的铁条当锻模，然后将烧红的铁块包在它上面锤打成铁管。枪管分三段，再把接口烧红，尽力锤打使段间能接合。接合后，又用如同筷子一样粗的四棱钢锥插进枪管里来回转动，力图使枪管内壁极其光滑，发射火药时才不会有阻滞。枪管近人身的一端较粗，用于装载火药。每支铳一次大约装火药一钱二分，铅铁弹子二钱。点火时不用引信(岭南的鸟铳制法，也有用引信的)，在枪管近人身一端通到枪膛的小孔上露出一点硝，用锤烂了的苎麻点火。左手握铳对准目标，右手扣动扳机将苎麻火逼到硝药上，一刹那就发射出去了。鸟雀在三十步内中弹，会被打得稀巴烂；五十步以外中弹才能保存原形；到了一百步，火力就不及了。

鸟枪的射程超过二百步，制法跟鸟铳相似，但枪管的长度和装火药的量都增加了一倍。

万人敌(可八方旋转的地滚式炸弹)　用于边远小县城里守城御敌，有的没有火炮，有的即使配有火炮也笨重难使，万人敌便是适合近距离作战的机动武器。硝石和硫黄混合后产生的火力，能使千军万马炸得血肉横飞。它的制法是：把中空的泥团晾干后，通过上边留出的小孔装满由硝和硫黄配成的火药，并可灵活地增减和掺入毒火、神火等药料，压实并安上引信后，再用木框框住。也有在木桶里面糊泥并填实火药,原理是一样的。如果用泥团就一定要在泥团外加上木框以防止抛出去后还没有爆炸就破裂了。敌人攻城时,点燃引信,把万人敌抛掷到城下。这时,万人敌不断射出火力,而且四方八面地旋转起来。当它向内旋时,由于有城墙挡着,不会伤害自己人;当它向外旋时,敌军人马会大量伤亡。这是守城的首要武器。凡能通晓火药性能和火器制法的人,都可以发挥自己的聪明才智。这种武器发明还不到十年,负责守卫疆土的将士们都应密切关注其中的技巧与原理呀!

图 15-8 万人敌(地滚式炸弹)

第十六篇　墨与朱砂的制作

传统的记录与表达信息的方式，除了要有纸，还要有可以显现在纸上的物质。白纸上写黑字当然是最醒目的。学书法时，总要用一锭墨先磨出墨水，再用笔蘸墨水来书写。那么，墨是怎样做出来的？纸除了写字也可以用来绘画，这些颜料，尤其是中国人最喜欢的红色，又是怎样得到的？本篇探讨墨与朱砂的制作技艺。

古代的文化遗产能流传千古而不失散，靠的就是白纸黑字的文献记载，其功绩是有口皆碑的。火是红色的，其中蕴含最黑的墨烟；水银是银白色的，而最红的银朱由它变化而来。经大自然熔炉的锤炼所产生的变化真是不可思议！在遥远的年代五色就已经出现，有了朱红色和墨色两种主要颜色就能使重大的号令得到彰扬；万卷图书，阅读时用朱红色的笔给黑色的字加以圈点，好文章更焕发了异彩。文房自有笔、墨、纸、砚四宝，珠玉又怎么能与它们相比呢？至于画家描摹万物，有的人使用原色，有的人使用调配出来的颜色，这样一来，各种各样的颜色就齐备了。颜料的调制，要依靠水火的作用，而表现在金、木、水、火、土五种事物（五行）的相互磨合变化中，若不是大自然的玄妙，谁能做到这一切呢？

第一章　朱

朱砂、水银和银朱本来都是同一类物质，名称不同只是由其中精与粗、老与嫩等的差别所造成的。上等的朱砂，产于湖南西部的辰水、锦江流域以及四川西部地区。朱砂中虽然含水银，但不用于炼取水银，这是因为光明砂、箭镞砂、镜面砂等几种朱砂比水银还要贵，因此选出来后直接用于销售。如果把它们炼成水银，反而会降低它们的价格。只有粗糙的和低等的朱砂，才用于提炼水银，再由水银炼成银朱。

上等的朱砂矿，要挖土十多丈深才能找到。发现矿苗时，只看见一堆白石，这叫朱砂床。靠床的朱砂，有的像鸡蛋那样大块。那些次等朱砂一般是不用来入药的，而只是研磨成粉供绘画或炼水银用。这种次等朱砂矿不一定会有白石矿苗，挖到几丈深就可以得到，它的矿床掺杂有青黄色的石块或沙土，土中蕴藏着朱砂，石块或沙土大多数会自行裂开。这种次等朱砂在贵州东部的思南、印江、铜仁等地常见，而陕西商县、甘肃天水市一带也有出产。

次等朱砂，如果整条矿坑都是质地较嫩而颜色泛白的，就不用来研磨做朱砂，而全部用来炼取水银。如果砂质虽然很嫩但其中有红光闪烁的，就用大铁槽碾成尘粉，然后放入缸内，用清水浸泡三天三夜，摇荡后把上浮的砂石倒入另一缸中，名为“二朱”，把下沉的取出来晒干成“头朱”。

升炼水银，要用嫩白次等朱砂或缸中舀出的浮于面上的“二朱”，加水搓成粗条，盘起来放进锅里。每锅共装三十斤，下面烧火用的炭也要三十斤。锅上面还要倒扣另一口锅，锅顶留一个小孔，两锅的衔接处要用盐泥密封。锅顶上的小孔与一支弯曲的铁管相连接，铁管通身要用麻绳缠绕紧密，并涂上盐泥封紧，使每个接口处不能有丝毫漏气。曲管的另一端则通到装有两瓶水的罐子中，使熔炼锅中的气体只能到达罐里的水为止。在锅底下起火加热，约煅烧十小时，朱砂就会全部化为水银布满整个锅壁。冷却一天后，再将水银扫下。其中的道理最难捉摸，自然界的变化真是奥妙无穷（《神农本草经》注释中说炼水银时要“凿地一孔，放碗一个盛水”等，那是没有科学依据的）。

图 16－1　研朱砂、澄朱砂

有的朱砂由水银再炼而成，因此叫“银朱”。提炼时用一个开口的泥罐子或用上下两口锅。每斤水银加入石亭脂（天然硫黄制成的）两斤一起研磨，要磨到看不见水银珠为止，用火炒成青黑色，装进罐子里。罐子口要用铁盏盖好，盏上压一根铁尺，并用铁线兜底把罐子和铁盏绑紧，然后用盐泥封口，再用三根铁棒插在地上用于承托泥罐。烧火加热时长约为燃完三炷香的时间，在这个过程中要不断用废毛笔蘸水擦铁盏面，那么水银便会变成银朱粉凝结在罐子壁上，贴近罐口的银朱色泽更加鲜艳。冷却后揭开铁盏封口，把银朱刮下来。剩下的石亭脂会沉到罐底，还可以取出来再用。每一斤水银，可炼得上等朱砂十四两、次等朱砂三两半，其中多出的质量是凭借石亭脂的硫质而产生的。

图 16-2　银复生朱(从水银再升炼出银朱)

用这种方法升炼成的朱砂跟天然朱砂研成的朱砂功用差不多。皇家贵族绘画,用的是辰州、锦州等地出产的丹砂直接研磨成的粉,而不用升炼成的银朱粉。书房用的朱砂通常胶合成条块状,在石砚上磨就能显出原来的鲜红色。但是,如果在锡砚上磨,就会立即变成墨汁。当漆工用朱砂调制红油彩来粉饰器具时,与桐油调在一起就会色彩鲜明,与天然漆调在一起就会色彩灰暗。

水银和朱砂再没有别的出处了。关于水银海和水银草的说法都是没有根据的,只有盲目轻信的人才会相信。水银在升炼为朱砂后,再也不能还原为水银,大自然造化以育万物的工巧到此施展完了。

第二章　墨

墨是由烟(炭黑)和胶两者结合而成的。其中,用桐油、清油或猪油等烧成的烟做墨的,约占十分之一;用松烟做墨的,约占十分之九。制造贵重的墨,在明朝最推崇安徽的徽州(歙县)人。由于油料运输困难,于是派人到湖北的江陵、襄阳和湖南的辰溪、沅陵等地租屋居住,购买当地便宜的桐油就地点烟,燃成的烟灰用于制墨。有一种墨,写在纸上后在阳光斜照下可泛红光,那是用紫草汁浸染灯芯后,用点油灯所得的烟做成的。

燃油取烟,每斤油可获得上等烟一两多。手脚伶俐的,一个人可照管专门用于收集烟的灯二百多盏。如果刮取烟灰不及时,烟就会烧过头而质量下降,造成油料和时间的浪费。一般性用墨都是用松烟制成的,先使松树中的松脂流掉,然后砍伐。松脂哪怕有一点点没流干净,用这种松烟做成的墨就总会有渣滓,不好书写。流掉松脂的方法是,在松树干接近根部的地方凿一个小孔,然后点灯缓缓燃烧,这样整棵树上的松脂就会朝着这个温暖的小孔倾流而出。

烧松木取烟,先把松木砍成一定的尺寸,并在地上用竹篾搭建一个圆拱篷,就像小船上的遮雨篷那样,逐节连接成长达十多丈,它的内外和接口都要用纸和草席糊紧密封。每隔几节,留出一个出烟小孔,竹篷和地接触的地方要盖上泥土,篷内砌砖要预先设计一个通烟火路。让松木在里面一连烧上好几天,冷歇后人们便可进去刮取。烧松烟时,放火通烟的操作顺序是从篷头弥散到篷尾。从靠尾一二节中取的烟叫“清烟”，是制作优质墨的原料。从中节取的烟叫“混烟”，用作普通墨料。从最前头一二节中取的烟叫“烟子”，只能卖给印书的店家，仍要磨细后才能用。其他的就留给漆工、粉刷工作为黑色颜料使用。

图 16－3 取流松液、烧取松烟

造墨用的松烟，放在水中长时间浸泡，其中那些精细而纯粹的会浮在上面，粗糙而稠厚的就会沉在下面。将它们与胶调在一起凝结后，用锤敲击，根据敲出的多少来区别墨的坚脆。至于在松烟或油烟中刻上金字或加入麝香等珍贵原料，则由制墨者自行决定。其他有关墨的知识，《墨经》《墨谱》等书中都有记述，想要知道更多知识的人，可以自行仔细阅读，这里只不过是简单地概述一下制墨的原料和方法罢了。

第十七篇 制酒和酒曲

酒文化是中国传统文化之一。在古代文物展览中会看到各种酒壶、酒杯等器物。在许多场合，酒作为一个文化符号，表示一种礼仪、一种气氛、一种情趣、一种心境；酒与诗也结下了不解之缘。中国众多的名酒不单给人以美的享受与陶冶，而且给人以启示与力的鼓舞；本篇主要介绍制酒及与酿酒密切相关的酒曲。

因酗酒而闹事并惹起的官司一天比一天多，这确实是酗酒造成的祸害，然而话又说回来，对酒曲本身又谈得上有什么罪过呢？在祭祀天地追怀先祖的仪式上，在吟咏诗篇朋友欢宴的时候，都用酒助兴。酿酒得靠酒曲，这在古代圣贤的著述中已说得很清楚了。酒曲原本就是用五谷的精华，通过水凝及风化的作用而变成的。供医药上用的曲名叫神曲，而用于保持珍贵食物美味的则是红曲。自古以来制作曲蘖的主料和配料的调制配方不断改进，既能延年益寿又能医治各种痼疾顽症，其间的功效真是一言难尽。如果没有我们祖先的创造发明和后人的聪明才智，如何能使酿酒的技巧达到这般完善的境地呢？

第一章　酒母　神曲

酿酒必须要用酒曲作为酒引子，没有酒曲，即便有好米佳黍也酿不成酒。自古以来用曲酿黄酒，用糵（麦芽糖）酿甜酒。后来的人嫌"甜酒"的酒味太淡，导致所谓酿甜酒的技术和制糵的方法都失传了。制作酒曲可以因地制宜地用麦子、面粉或米粉为原料，南方和北方做法不同，但原理同出一辙。做麦曲，大麦、小麦都可以选用。制作酒曲的人，最好选在炎热的夏天，把带皮的麦粒用井水洗净、晒干。把麦粒磨碎，就用淘麦水拌和做成块状，再用楮树叶包扎起来，悬挂在通风的地方，或者用稻草覆盖使它变黄（表明麦已发酵产生了霉菌的黄色孢子），这样经过四十九天后便可以取用。

制作面曲，是用白面五斤、黄豆五升，加入蓼汁一起煮烂，再加辣蓼末（抑制杂菌生长）五两、杏仁泥十两，混合踏压成饼状，再用楮树叶包扎悬挂或用稻草覆盖使它变黄，方法跟麦曲相同。若用糯米粉将面曲加蓼汁搓并揉成饼，覆盖使它变黄并长出黄毛后才取用，方法和时间也跟前述的相同。在酒曲中加入主料、配料和草药，少的只有几种，多的可达上百种，各地的做法不同，难以一一详尽论述。

近代，北京用薏米仁为主要原料制作酒曲后再酿造薏酒。浙江宁波和绍兴则用绿豆为料制作酒曲后再酿造豆酒。这两种酒都被列为名酒（《酒经》一书有所记载）。

制作酒曲时，如果生黄不足，看管不勤，洗抹得不干净，都会出岔子。几粒坏的酒曲就能轻易地败坏上百斤的粮食。所以,卖酒曲的人必须要守信用、重名誉,这样才不会对不起酿酒的人。河北、山东一带酿造黄酒用的酒曲,大部分都是在江苏淮安造好后用车船运去贩卖的。南方酿造红酒所用的酒曲跟淮安造的相同,都叫大曲。但淮安卖的酒曲制成砖块状,而南方的酒曲则做成饼团状。制作酒曲,加进辣蓼粉末以便通风透气,用稻米或麦子作为基本原料,还必须加入已制成酒曲的酒糟作为媒介。这种酒糟不清楚是从哪个年代开始流传下来的,就像烧矾石必须使用旧矾滓来掩盖炉口一样。

制作神曲是专供医药上用的,把它称为神曲是医家为了与酒曲相区别。神曲的制作方法起源于唐代,这种曲不能用来酿酒。制作时只用白面,每百斤面加入青蒿、马蓼和苍耳三种东西的原汁,拌匀制成饼状,再用麻叶或楮树叶包藏并覆盖着,像制作豆酱黄曲的方法一般,等到曲面颜色变黄就晒干收藏起来。至于要用其他什么药配合,则根据医生的不同经验而加以增减,很难列举出固定的处方。

第二章　丹　曲

有一种红曲，它的制作方法是近代才开始研究出来的，其意义就在于能“化腐朽为神奇”，它的巧妙方法是利用空气和白米的变化。在自然界中，鱼和肉是最容易腐烂的东西，但是只要在基表面薄薄地涂上一层红曲，即便是在炎热的暑天也能保持它原来的样子，放上十来天，蛆蝇都不敢接近，色泽味道还能保持原样。这真是一种奇药啊！

制造红曲用的是籼稻米，不管早稻晚稻都可以用。米要舂得十分精细，用水浸泡七天，那时的气味已臭不可闻，这时就把它放到流动的河水中漂洗干净(必须用山间流动的溪水，大河水不能用)。漂洗后臭味还不能完全消除，把米放入饭甑里面蒸成饭，就会变得香气四溢。蒸饭时，先将稻米蒸到半生半熟的状态，后就从锅中取出，用冷水淋浇一次，等到冷却后再次将稻米蒸到熟透。这样蒸熟的好几石米饭，再堆放在一起拌进曲种。

曲种一定要用最好的红酒糟为原料，每一斗酒糟加入马蓼原汁三升，再加明矾水拌和调匀。每一石熟饭中加入曲种二斤，趁熟饭还热时，几个人一起迅速拌和调匀，从热饭拌到冷饭。然后再注意观察曲种与熟饭相互作用的情况。过一段时间后，饭的温度又会逐渐上升，这就说明曲种发生作用了。饭拌入曲种后，倒进箩筐里面，用明矾水淋过一次后，再分开放进篾盘中，放到架子上通风。以后主要是做好通风工作，水火派不上什么用场了。

曲饭放入篾盘中时，每个篾盘大约装载五升。安放这些篾盘的房屋要

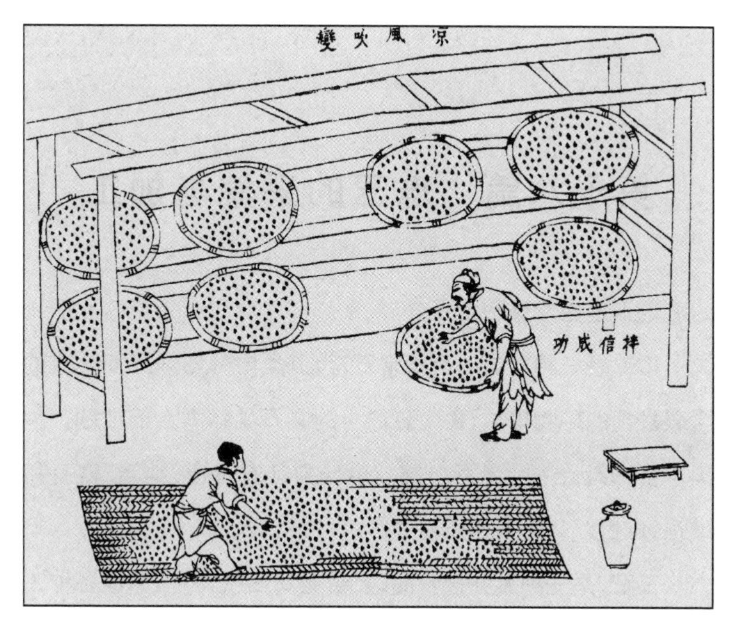

拌信成功、凉风吹变

比较高大宽敞，以防屋顶瓦面上的热气侵入。屋向应该朝南，用于防止太阳西晒。每两小时中大约要翻拌三次。观察曲饭的人，在七天内都要日夜守护在盘架下，不能熟睡，即便在深更半夜也要起来好几次。曲饭要做到起先一看颜色雪白，经过一两天后就变成深黄色。以后的颜色会继续变化，由深黄色转为褐色，又由褐色转为赭色，再由赭色转为红色，到了最红的时候再转回微黄色。通风过程中所看到的一系列颜色变化，叫生黄曲。这样制成的红曲，其价格与所需的人力、物力及功效都比一般的红曲要高好几倍。当曲饭由深黄色变褐色、褐色又变成红色时，都要淋浇一次水。变红后就不需要再加水了。

制造这种红曲时，造曲工必须把手和盛物的篾盘、竹席洗得非常干净，周围的一切也都要干干净净。只要有一点肮脏的东西落入篾盘，都会使制作红曲的工作失败。

第十八篇　珠玉的采集与加工

珠玉是指珍珠和玉石。

珍珠是一种古老的有机宝石，为贝类内分泌作用而生成的含碳酸钙的矿物珠粒，由大量微小的文石晶体集合而成的。种类丰富，形状各异，色彩斑斓。珍珠象征着健康、纯洁、富有和幸福，自古以来为人们所喜爱。

玉石，是一种装饰性物品，表面光润细腻，可雕琢成各种工艺品。

本篇主要讲解珍珠、玉石的开采，同时介绍水晶、玛瑙、琉璃等。虽然在解释珠玉形成的原因时有历史的局限性，但对读者了解水底、深井的操作技术还是有很多启发的。

蕴藏玉石的山总是光辉四溢，涵养珍珠的水也是明媚秀丽，这究竟是本来如此还是人们的主观推测呢？凡是由天地自然化生的事物中，总是光明与混浊相反，滋润与枯涩对立，在这里是稀罕的东西往往在另一个地方就很平常。广西合浦与新疆和田，相距约两万里，前者有珍珠称雄，后者有玉石傲立，但很快被贩运至各地，受到世人宠爱，在宫廷上焕发出辉煌的光彩。这就使全国各地无尽的宝藏都降低了身价而把珠玉推上宝物的首位。难道中原地区的山光水媚全都聚集在人身上了，而天地之间大自然的精华也就只有珠玉了吗？

第一章　珍　珠

珍珠一定产自蚌腹内，映照着月光而逐渐孕育成胎，经历多年方成最贵重的宝物。至于蛇的腹内、龙的下颌及鲨鱼的皮中有珍珠，这些说法都是虚妄而不可信的。中国的珍珠必定出产在广东海康（雷州）和广西合浦（廉州）这两个“珠池”里。在夏、商、周三代以前，淮安、扬州一带也属于南方诸侯国的地域，得到的珠子比较接近。《尚书·禹贡》中所记载的珠，或许只是从互市上交易得来的，不一定是当地所出产的。宋代（1115—1226）金人采自东北黑龙江克东乌裕尔河一带，元代（1280—1368）采自河北武清（杨村）到天津大沽口一带的种种说法，都只是误传，这些地方什么时候采得过珍珠呢？至于说东北忽吕古江产珠，那则是少数民族地区，而不是中原地区。

从蚌中孕育出珍珠，这是从无到有。其他形体小的水生动物，多因天敌而被吞噬掉，所以寿命都不长。蚌有坚硬的外壳包裹着，天敌没有空子可钻，即便蚌被吞咽到肚子里，也是囫囵吞枣而不容易被消化掉，所以蚌的寿命很长，能生成无价之宝。蚌孕育珍珠是在很深的水底，每逢圆月当空时，就张开贝壳接受月光照耀，吸取月光的精华，化为珍珠的形魄。尤其是中秋月明之夜，老蚌就会格外高兴。如果通宵无云，它就随着月亮的东升西沉而不断转动它的身体以获取月光的照耀。有些海滨不产珍珠，是因为当地潮汐涨落波涌得过于厉害，蚌没有获得藏身和静养之地。

广西合浦(廉州)的珠池从乌泥池、独揽沙池到青莺池,大约有一百八十里远。广东海康的珠池从乐岛到石城界(合浦与廉江边界),约有一百五十里。这些地方的水上居民,每年必定是在三月间采集珍珠,到时候还宰杀牲畜,非常虔诚恭敬祭祀海神。他们能生吃海腥,在水中也能看透水色,知道蛟龙藏身的地方,于是不敢前去侵犯。

采珠船比其他的船要宽阔并圆一些,船上装载有许多草垫子。每当经过有旋涡的海面时,就把草垫子抛下去,这样船就能安全驶过。采珠人在船上先用一条长绳绑住腰部,然后带着篮子潜入水里。潜水前还要用一种锡做的弯环空管将口鼻罩住,并将罩子的软皮带包缠在耳顶之间,以便呼吸。有的最深能潜到水下四五百尺,将蚌捡回篮里。呼吸困难时就摇绳子,船上的人便赶快把他拉上来,命薄的人会葬身鱼腹。潜水的人在出水后,要立即用煮热的毛皮织物盖上,太迟人会被冻死。

图 18-1 掷草垫防漩涡、没水采珠

宋朝有一位姓李的招讨官还发明了一种采珠网兜，他想办法做了一种齿耙形状的铁器，底部横放木棍用于封住网口，两角坠上石头（作为沉子）沉底，四周围上如同布袋子的麻绳网兜，将牵绳绑缚在船的两侧，借着风力张开风帆，继而兜取珠贝。这种采珠的办法还有漂失和沉没的危险。现在，水上采珠的居民上述两种方法同时采用。

图 18－2　扬帆采珠、竹笆沉底

珍珠生长在蚌的腹内，就如同玉生在璞中一样。开始时还分不出贵贱，等到剖取后才知道蚌腹中是否有珠、珠的品位及大小。周长从五分到一寸五分的就算是大珠。其中有一种大珠，不是很圆，像倒放的锅一样，一边光彩略微像镀了金似的，名叫“珰珠”，每一颗都价值千金。这便是过去人们所传说的明月珠和夜光珠。白天天气晴朗时，在屋檐下能看见它有一线光芒闪烁不定，夜光不过是它的美号罢了，并不是真能在夜间发光。其次便是“走珠”，放在平底的盘子里，它会滚动不停，价格与珰珠差不多（据传，死人口中含上一颗，尸体就不会腐烂，所以帝王之家不惜出重金购买）。再次的还有“滑珠”，色泽光亮，但形状不是很圆。其次还有螺蚵珠、官雨珠、税珠、葱符珠等。粒小的珠像小米粒儿，普通的珠像豌豆儿。低劣而破碎的珠叫玑。从夜光珠到碎玑，就好比同样的人却在社会中被分成从王公到奴隶不同的等级。

珍珠的自然产量是有限度的，采得太频繁，珠的产量就会跟不上。如果几十年不采，那么蚌可以安身繁殖后代，孕珠也就多了。所谓“珠去而复还”，只是没有科学根据的杜撰，这其实是取决于珍珠固有的消长规律，并不是真有什么“清官”感召之类的神迹，出现迁移的珠又返回的事。明代弘治年间(1488—1505)，有一年采得二万八千两；万历年间，有一年只采得三千两，还抵不上采珠的花费。

第二章　宝　石

宝石都产自矿井，其产地以我国西部地区新疆一带为最多。中原地区就只有云南金齿卫（澜沧江到保山一带）和丽江两个地方出产宝石。宝石不论大小，外面都有石床包裹，就像玉被璞石包住一样。金银都是在土层底下经过恒久的变化而形成的。但是，宝石却不同，它是从井底直接面对天空，吸取日月精华之气而形成的，因此能闪烁光彩。这跟玉产自湍流之中，珠孕育在深渊水底的道理是相同的。

出产宝石的矿井，即便很深，其中也是没有水的，这是大自然的刻意安排。但是，井中的宝气就像雾一样地弥漫着，这种宝气人吸取时间久了，大多数人会致命。因此，采集宝石的人通常是十多个人合伙，下井的人分得一半宝石，井上的人分得另一半宝石。下井的人用长绳绑住腰，腰间系两个叉口袋，到井底有宝石的地方，随手将宝石很快装入袋内（宝石井里一般不藏有蛇和虫）。腰间还系一个大铃铛，一旦宝气逼得人承受不住时，急忙摇晃铃铛，井上的人就立即拉起绳子把他提上来。这时，人即便没有生命危险，但往往已昏迷不醒。只能往他嘴里灌一些白开水用于解救，三天内都不能吃东西，然后再慢慢加以调理康复。其口袋里的宝石，大的像碗，中等的像拳头，小的像豆子，但从表面上看不出里面是什么样子，要交给琢工锉开后，才知道是什么成色的宝石。

属于红色和黄色的宝石有：猫精（金缘宝石）、靺羯芽（红玛瑙）、星汉砂

（黄红色宝石）、琥珀（树脂石化的产物）、木难（莫难）、酒黄（透明黄玉）、喇子（红宝石）等。猫精石是黄色而稍带些红色。最贵的琥珀叫“瑿”（音依，价值是黄金的五倍），红中而微带黑色。但是，在白天看起来却是黑色的，在灯光下看起来却很红。木难纯属黄色，喇子纯属红色。从前不知哪个随口妄言的人在“松树”条目下加注茯苓，又注释为琥珀，真是浅薄可笑。

属于蓝色和绿色的宝石有：瑟瑟珠、祖母绿、鸦鹘石、空青（空青在内层，曾青在外层）等。至于玫瑰宝石，则像黄豆或绿豆般大小，红色、绿色、蓝色、黄色，各色俱全。宝石中有玫瑰，就像珠中有玑一样。比星汉砂高一级的，还有一种名为煮海金丹的。这些宝石都出产自我国的西部地区，偶然也有随着井中宝气而出现的，云南中部的矿井中并不出产这类宝石。

图 18－3 下井采宝石

现在却有人伪造宝石，只有琥珀最容易造假。高明的造假者用硫黄熬煮，手段差的用黑红色的染料煮熬牛角、羊角胶，映照之下隐约可见红光，但现在看来很容易辨认（毕竟琥珀研磨后有浆）。至于说琥珀能吸引小草，那是骗人的说法，物体只有借助人的气息才能吸引轻微的东西。从《神农本草经》开始就有不少荒诞错漏之处传世，这些错误说法都应当删去，省得浪费雕版刻印书的木料。

第三章　玉

贩运到中原内地的玉，贵重的都出产于阗(汉代时西域的一个地名，后代叫五城的地方，也有贵玉产于甘肃玉门一带的赤斤蒙古卫，以及具体地名未详的葱岭)。蓝田则是出产玉的另一个地名(即葱岭的另一个地名)，而后世误以为是西安附近的蓝田。葱岭的河水发源于阿耨山，流到葱岭后分为两条河，一条是白玉河，另一条是绿玉河。后晋人高居诲作《于阗行程记》载

图 18－4　白玉河

有乌玉河，这段记载是错误的。

含玉的石不藏于深土，而是在靠近山间河源处的急流河水中激映而生。但采玉的人并不去原产地采，因为河水太湍急而无从下手。待夏天涨水时，含玉之石随湍流冲至一百里或二三百里处，再入河中采玉。由于玉是感受月的精光而生，所以当地人沿河取石大多数在秋天的明月之夜，他们静静地守在河处观察。含玉之石堆聚的地方，就显得那里的月光倍加明亮。含玉的璞石随河水而流，免不了要夹杂些浅滩上的乱石，只有将玉石采出来仔细辨认后方才知道哪块为玉、哪块为石。

白玉河流向东南，绿玉河流向西北。亦力把里地区（新疆大部分地区）有一处叫望野，附近河水多聚玉。当地的风俗是由妇女赤身下水取玉，据说是由于受妇女的阴气相召，玉就会停而不流，易于捞取。这至少表明当地人不明事理，他们也没有将玉视作贵重物，如果沿河再过数百里，路途远了，玉又卖不出去，就不再这么干了。

玉只有白、绿两种颜色，在中原地区叫绿玉为“菜玉”。所谓“赤玉”“黄玉”之说，都指奇石、琅玕（似玉的美石）等，虽然价格不低于玉，但终究不是玉。含玉之石产于山石流水中，未剖出时璞中之玉软如棉絮，一旦剖露出来就变硬，遇到风尘则变得更硬。世间有所谓琢磨有软玉的，这又错了。玉藏于璞中，其外层叫玉皮，取来作砚和托座，值不了多少钱。璞中之玉有纵横一尺多而无瑕疵的，古时帝王用于作印玺。所谓价值连城之璧，很不容易得到。长宽为五六寸而无瑕的玉，往往用来加工成酒器，这在当时已经是很贵重的宝贝了。

此外，只有印度科罗曼德尔（西洋琐里）出产异玉，平时白色，晴天在阳光下显出红色，阴雨时又成青色，这可谓之“玉妖”，宫廷内才有这种玉。朝鲜西北的太尉山有一种“千年璞”，中间藏有羊脂玉（色如羊脂且半透明的新疆产上等白玉），与葱岭所出的美玉没有什么不同。其余各种玉虽书中有记载，但笔者未曾见闻。内地贩玉的人来到葱岭从互市中得到玉后，再向东运，一直会集聚于北京卸货。玉工辨别玉石等级后定价，再开始琢磨。良玉虽集中于北京，但琢玉的工巧则首推苏州。

图 18－5　琢玉

开始剖玉时，用铁做个圆形转盘，将水与沙放入盆内，用脚踏和踩踏使圆盘旋转，再添沙剖玉，一点点把玉划断。剖玉所用的沙，在内地出自顺天府玉田（今河北玉田）和真定府邢台（今河北邢台）两地，此沙不是产于河中，而是从山泉水中流出的细如面粉的细沙，用于磨玉永不耗损。玉石剖开后，再用一种镔铁刀的利器施以精巧工艺制成玉器。镔铁也出产于新疆哈密类似磨刀石的岩石中，剖开就能炼取。

琢磨玉器时剩下的碎玉，可取来用作镶嵌于漆器或木器上作装饰的钿花。碎不堪用的则碾成粉，过筛后与灰混合来涂琴瑟，由此使琴有玉器的音色。雕刻玉器时，在细微的地方难以下锥刀，就以蟾蜍汁填画在玉上，再用刀刻。这种一物降一物的道理迄今还没有弄清楚。用砆碔（一种似玉之石）冒充假玉，若以锡充银，就很容易辨别。最近有将上料白瓷器捣得粉碎，再用白蔹（一种根部有黏液的蔓草植物）等汁液调成器物，干燥后有发光的玉色，这种作伪方法确实很巧妙。

珠玉与金银的生成方式相反。由于金银受日而精成，必定埋在深土内渐渐形成，而珠玉、宝石则受月光照射孕育而成的，不要一点泥土掩盖。宝石在井中直透青空，珠在深水里，而玉在险峻湍急的河滩，但都受着明亮的天空或河水覆盖。珠有螺城，螺母在里面，由龙神守护，人不敢犯。那些注定应用于世间的珠，由螺母推出供人取用。在原来孕玉的地方，也无法令人接近。只有由玉神将其推迁到湍急的河流里，才能任人采取，与珠宫同属神异。

第四章　玛瑙　水晶　琉璃

玛瑙　既不是石头也不算是玉器，中国出产玛瑙的地方很多，据统计约有十几个种类。人们多用玛瑙来制作簪子和衣扣等，或者用来制作棋子，最大的玛瑙还可以用来制作屏风和桌面。质量好的上等玛瑙一般出产在宁夏边境羌族地区的沙漠之中，假如内地到处出产上等玛瑙，商贩也就用不着跑那么远的路去贩运了。现在北京所买卖的玛瑙，大多产于山西大同、河北蔚县九空山及宣化四角山，其中有夹胎玛瑙、截子玛瑙、锦红玛瑙等几种。而陕西神木和府谷所出产的“浆水玛瑙”“锦缠玛瑙”仅仅作为土特产就地买卖，关于玛瑙的情形大致就是这样。辨别玛瑙的方法是用木头玛瑙上摩擦，如果不发热的是真货。假的玛瑙虽然很容易做，但因为真正的玛瑙价格原来就不算贵，所以人们也就不愿意去多费手脚了。

水晶　中国出产的水晶相对玛瑙而言则少些。现在南方使用的大多数是福建漳浦铜山（山名）出产的，北方使用的大多数是河北宣化黄尖山出产的，中部地区使用的大多是河南信阳（其中尤其以黑色的为最美）、湖广兴国州（潘家山）出产的。黑色的水晶只出产于北方而不产于南方。其他地方的山洞中本来也有水晶，但是可能未被发现，或者已经被发现后又被官方封禁（如江西省广信府害怕宦官开采之类）的也不少。水晶产于深山洞穴内有瀑布的石缝之中，瀑布昼夜不停地流过水晶，流出洞门半里多，水面还像煮滚的油珠那样冒泡。水晶在没有离开洞穴之前，像棉花一样软，见到风后才变得坚硬。有些雕琢工匠为了贪图方便省事，就顺便在山洞里先制成粗坯子，然后带回去再加工，据说可以省力十倍。

琉璃　又称琉璃石，与中国水晶、越南中南部火齐的类别相同，同样都是透明清澈的，但是它不产于我国中原地区，而是产在我国西部少数民族地区。这类石头五种颜色齐全，汉人都很喜爱，便竭尽人的技巧来仿造。于是就有匠人将砖瓦加上釉料来烧成黄色或绿色，叫作琉璃瓦；也有的把羊角煎化，做成油罐和烛罩，叫作琉璃碗；还有的把硝与铅化合做成珠子，并用铜线穿起来做成琉璃灯；有的用上述原料烧炼之后将其捏成薄片，制成琉璃瓶和琉璃袋(所用的硝石取自粗硝煎炼时结在上面的马牙硝)。这种种颜色，都可以用颜料汁任意涂染。上述的琉璃灯与琉璃珠，都是淮河以北的山东人制作的，因为当地出产硝石。

硝石遇火就化气升腾到空中而消失了，而墨铅则是较重的物体。两物以火为媒介，硝要引铅到空中，铅要拉硝留在地面，这两种东西再加上玻璃石、羊角等物，均放在一个容器中烧炼会化合，就能得到透光的玻璃。这是天地自然规律在地面上的体现。已到《天工开物》全书的结尾，因此我在这里把它写了出来。

附录 原文

序

天覆地载，物数号万，而事亦因之，曲成而不遗，岂人力也哉。事物而既万矣，必待口授目成而后识之，其与几何？万事万物之中，其无异生人与有益者，各载其半。世有聪明博物者，稠人推焉。乃枣梨之花未赏，而臆度"楚萍"；釜鬵之范鲜经，而侈谈"莒鼎"；画工好图鬼魅而恶犬马，即郑侨、晋华岂足为烈哉？

幸生圣明极盛之世，滇南车马纵贯辽阳，岭徼宦商横游蓟北。为方万里中，何事何物不可见见闻闻！若为士而生东晋之初、南宋之季，其视燕、秦、晋、豫方物已成夷产，从互市而得裘帽，何殊肃慎之矢也。且夫王孙帝子生长深宫，御厨玉粒正香而欲观耒耜，尚宫锦衣方剪而想象机丝。当斯时也，披图一观，如获重宝矣。

年来著书一种，名曰《天工开物》卷。伤哉贫也，欲购奇考证，而乏洛下之资；欲招致同人商略赝真，而缺陈思之馆。随其孤陋见闻，藏诸方寸而写之，岂有当哉？吾友涂伯聚先生，诚意动天，心灵格物。凡古今一言之嘉，寸长可取，必勤勤恳恳而契合焉。昨岁《画音归正》，由先生而授梓。兹有后命，复取此卷而继起为之，其亦夙缘之所召哉。

卷分前后，乃"贵五谷而贱金玉"之义。《观象》、《乐律》二卷，其道太精，自揣非吾事，故临梓删去。丐大业文人弃掷案头，此书与功名进取毫不相关也。

时崇祯丁丑孟夏月，奉新宋应星书于家食之问堂。

上　卷

乃粒　第一

宋子曰，上古神农氏若存若亡，然味其徽号，两言至今存矣。生人不能久生，而五谷生之。五谷不能自生，而生人生之。土脉历时代而异，种性随水土而分。不然，神农去陶唐粒食已千年矣，耒耜之利，以教天下，岂有隐焉。而纷纷嘉种必待后稷详明，其故何也？

纨绔之子以赭衣视笠蓑，经生之家以“农夫”为诟詈。晨炊晚，知其味而忘其源者众矣。夫先农而系之以神，岂人力之所为哉。

总名

凡谷无定名，百谷指成数言。五谷则麻、菽、麦、稷、黍，独遗稻者。以著书圣贤起自西北也。今天下育民人者，稻居十七，而来、牟、黍、稷居十三。麻、菽二者功用已全入蔬、饵、膏馔之中，而犹系之谷者，从其朔也。

1-1　稻

凡稻种最多。不粘者禾曰秔，米曰粳。黏者禾曰稌，米曰糯。南方无粘黍，酒皆糯米所为。质本粳而晚收带黏俗名婺源光之类，不可为酒、只可为粥者，又一种性也。凡稻谷形有长芒、短芒江南长芒者曰浏阳早，短芒者曰吉安早、长粒、尖粒、圆顶、扁面不一。其中米色有雪白、牙黄、大赤、半紫、杂黑不一。

湿种之期，最早者春分以前，名为社种遇天寒有冻死不生者，最迟者后于清明。凡播种先以稻、麦稿包浸数日。俟其生芽，撒于田中，生出寸许，其名曰秧。秧生三十日即拔起分栽。若田逢旱干、水溢，不可插秧。秧过期老而长节，即栽于亩中，生谷数粒结果而已。凡秧田一亩所生秧，供移栽二十五亩。

凡秧既分栽后，早者七十日即收获粳有救公饥、喉下急，糯有金包银之类。方语百千，不可殚述，最迟者历夏及冬二百日方收获。其冬季播种、仲夏即收者，则广南之稻，地无霜雪故也。凡稻旬日失水，即愁旱干。夏种秋收之谷，必山间源水不绝之亩，其谷种亦耐久，其土脉亦寒，不催苗也。湖滨之田待夏潦已过，六月方栽者。其秧立夏播种，撒藏高亩之上，以待时也。

南方平原，田多一岁两栽两获者。其再栽秧俗名晚糯，非粳类也。六月刈初禾，耕治老稿田，插再生秧。其秧清明时已偕早秧撒布。早秧一日无水即死，此秧历四、五两月，任从烈日旱干无忧，此一异也。凡再植稻遇秋多晴，则汲灌与稻相终始。农家勤苦，为春酒之需也。凡稻旬日失水则死期至，幻出旱稻一种，粳而不黏者，即高山可插，又一异也。香稻一种，取其芳气，以供贵人，收实甚少，滋益全无，不足尚也。

1-2　稻宜

凡稻，土脉焦枯则穗、实萧索。勤农粪田，多方以助之。人畜秽遗、榨油枯饼枯者，以去膏而得名也。胡麻、莱菔子为上，芸苔次之，大眼桐又次之，樟、柏、棉花又次之、草皮、木叶以佐生机，普天之所同也。南方磨绿豆粉者，取溲浆灌田肥甚。豆贱之时，撒黄豆于田，一粒烂土方三寸，得谷之息倍焉。土性带冷浆者，宜骨灰蘸稻根凡禽兽骨，石灰淹苗足，向阳暖土不宜也。土脉坚紧者，宜耕垄，叠块压薪而烧之，埴坟松土不宜也。

1-3　稻工

凡稻田刈获不再种者，土宜本秋耕垦，使宿稿化烂，敌粪力一倍。或秋旱无水及怠农春耕，则收获损薄也。凡粪田若撒枯浇泽，恐淋雨至，过水来，肥质随漂而去。谨视天时，在老农心计也。凡一耕之后，勤者再耕、三耕，然后施耙，则土质匀碎，而其中膏脉释化也。

凡牛力穷者，两人以杠悬耜，项背相望而起土，两人竟日仅敌一牛之力。若耕后牛穷，制成磨耙，两人肩手磨轧，则一日敌三牛之力也。凡牛，中国惟水、黄两种，水牛力倍于黄[牛]。但畜水牛者，冬与土室御寒，夏与池塘浴水，畜养心计亦倍于黄牛也。凡牛春前力耕汗出，切忌雨点，将雨，则疾驱入室。候过谷雨，则任从风雨不惧也。

吴郡力田者以锄代耜，不借牛力。愚见贫农之家，会计牛值与水草之资、窃盗死病之变，不若人力亦便。假如有牛者供办十亩，无牛用锄而勤者半之，既已无牛，则秋获之后田中无复刍牧之患，而菽、麦、麻、蔬诸种纷纷可种。以再获偿半荒之亩，似亦相当也。

凡稻分秧之后数日，旧叶萎黄而更生新叶。青叶既长，则耔俗名挞禾可施焉。植杖于手，以足扶泥壅根，并屈宿田水草，使不生也。凡宿田草之类，遇耔而屈折。而稊、稗与荼、蓼非足力所可除者，则耘以继之。耘者苦在腰、手，辨在两眸，非类既去，而嘉谷茂焉。从此泄以防潦，溉以防旱，旬月而"奄观铚刈"矣。

1－4　稻灾

凡早稻种，秋初收藏，当午晒时烈日火气在内，入仓廪中关闭太急，则其谷黏带暑气勤农之家偏受此患。明年田有粪肥，土脉发烧，东南风助暖，则尽发炎火，大坏苗穗，此一灾也。若种谷晚凉入廪，或冬至数九天收贮雪水、冰水一瓮交春即不验。清明湿种时，每石以数碗激洒，立解暑气，则任从东南风暖，而此苗清秀异常矣祟在种内，反怨鬼神。

凡稻撒种时，或水浮数寸，其谷未即沉下，骤发狂风，堆积一隅，此二灾也。谨视风定而后撒，则沉匀成秧矣。凡谷种生秧之后，防雀鸟聚食，此三灾也。立标飘扬鹰俑，则雀可驱矣。凡秧沉脚未定，阴雨连绵，则损折过半，此四灾也。邀天晴霁三日，则粒粒皆生矣。凡苗既函之后，亩土肥泽连发，南风熏热，函内生虫形似蚕茧，此五灾也。邀天遇西风雨一阵，则虫化而谷生矣。

凡苗吐穑之后，暮夜鬼火游烧，此六灾也。此火乃腐木腹中放出。凡木母火子，子藏母腹，母身未坏，子性千秋不灭。每逢多雨之年，孤野墓坟多被狐狸穿塌。其中棺板为水浸，朽烂之极，所谓母质坏也。火子无附，脱母飞扬。然阴火不见阳光，直待日没黄昏，此火冲隙而出，其力不能上腾，飘游不定，数尺而止。凡禾穑、叶遇之立刻焦炎。逐火之人见他处树根放光，以为鬼也。奋梃击之，反有鬼变枯柴之说。不知向来鬼火见灯光而已化矣。凡火未经人间传灯者，总属阴火，故见灯即灭。

凡苗自函活以至颖栗，早者食水三斗，晚者食水五斗，失水即枯将刈之时少水一升，谷粒虽存，米粒缩小，入碾、臼中亦多断碎，此七灾也。汲灌之智，人巧已无余矣。凡稻成熟之时，遇狂风吹粒陨落；或阴雨竟旬，谷粒粘湿自烂，此八灾也。然风灾不越三十里，阴雨不越三百里，偏方厄难亦不广被。风落不可为。若贫困之家苦于无霁，将湿谷盛于锅内，燃薪其下，炸去糠膜，收炒糗以充饥，亦补助造化之一端矣。

1-5　水利

凡稻防旱借水，独甚五谷。厥土沙泥、硗腻，随方不一。有三日即干者，有半月后干者。天泽不降，则人力挽水以济。凡河滨有制筒车者，堰陂障流，绕于车下，激轮使转，挽水入筒，一一倾于枧内，流入亩中。昼夜不息，百亩无忧。不用水时，栓木碍止，使轮不转动。其湖、池不流水，或以牛力转盘，或聚数人踏转[水车]。车身长者二丈，短者半之。其内用龙骨拴串板，关水逆流而上。大抵一人竟日之力灌田五亩，而牛则倍之。

其浅池、小浍不载长[水]车者，则数尺之车一人两手疾转，竟日之功可灌二亩而已。扬郡以风帆数扇，俟风转车，风息则止。此车为救潦，欲去泽水以便栽种。盖去水非取水也，不适济旱。用桔槔、辘轳，功劳又甚细已。

1-6　麦

凡麦有数种。小麦曰来，麦之长也。大麦曰牟、曰。杂麦曰雀[麦]、曰荞[麦]。皆以播种同时，花形相似，粉食同功，而得麦名也。四海之内，燕、秦、晋、豫、齐鲁诸道烝民粒食，小麦居半，而黍、稷、稻、梁仅居半。西极川、云，东至闽、浙、吴、楚腹焉，方圆六千里中，种小麦者二十分而一，磨面以为捻头、环饵、馒首、汤料之需，而饔飧不及焉。种余麦者五十分而一，闾阎作苦以充朝膳，而贵介不与焉。

麦独产陕西，一名青稞即大麦，随土而变。而皮肤青黑色者，秦人专以饲马。饥饿，人乃食之。大麦亦有粘者，河洛用以酿酒。雀麦细穗，穗中又分十数细子，间亦野生。荞麦实非麦类，然以其为粉疗饥，传名为麦，则麦之而已。

凡北方小麦，历四时之气，自秋播种，明年初夏方收。南方者种与收期时日差短。江南麦花夜发，江北麦花昼发，亦一异也。大麦种、获期与小麦相同。荞麦则秋半下种，不两月而即收。其苗遇霜即杀，邀天降霜迟迟，则有收矣。

1-7 麦工

凡麦与稻初耕、垦土则同，播种以后则耘、耔诸勤苦皆属稻，麦惟施耨而已。凡北方厥土坟垆易解释者，种麦之法耕具差异，耕即兼种。其服牛起土者，耒不用耜，并列两铁[尖]于横木之上，其具方语曰耩。耩中间盛一小斗贮麦种于内，其斗底空梅花眼。牛行摇动，种子即从眼中撒下。欲密而多则鞭牛疾走，子撒必多。欲稀而少，则缓其牛，撒种即少。既播种后，用驴驾两小石团压土埋麦。凡麦种压紧方生。南方地不同北[方]者，多耕、多耙之后，然后以灰拌种，手指拈而种之。种过之后，随以脚跟压土使紧，以代北方驴石也。

播种之后，勤议耨锄。凡耨草用阔面大镈。麦苗生后，耨不厌勤有三过、四过者，余草生机尽诛锄下，则竟亩精华尽聚嘉实矣。功勤易耨，南与北同也。凡粪麦田，既种以后，粪无可施，为计在先也。陕洛之间忧虫蚀者，或以砒霜拌种子，南方所用惟炊烬也俗名地灰。南方稻田有种肥田麦者，不冀麦实。当春小麦、大麦青青之时，耕杀田中蒸罨土性，秋收稻谷必加倍也。

凡麦收空隙可再种他物。自初夏至季秋,时日亦半载,择土宜而为之,惟人所取也。南方大麦有既刈之后乃种迟生粳稻者。勤农作苦,明赐无不及也。凡荞麦,南方必刈稻、北方必刈菽、稷而后种。其性稍吸肥腴,能使土瘦。然计其获入,业偿半谷有余,勤农之家何妨再粪也。

1-8　麦灾

凡麦妨患,抵稻三分之一。播种以后,雪、霜、晴、潦皆非所计。麦性食水甚少,北土中春再沐雨水一升,则秀华成嘉粒矣。荆、扬以南唯患霉雨,倘成熟之时晴干旬日,则仓廪皆盈,不可胜食。扬州谚云:“寸麦不怕尺水。”谓麦初长时,任水灭顶无伤。“尺麦只怕寸水”,谓成熟时寸水软根,倒茎沾泥,则麦粒尽烂于地面也。江南有雀一种,有肉无骨,飞食麦田数盈千万。然不广及,罹害者数十里而止。江北蝗生,则大祲之岁也。

1-9　黍、稷、粱、粟

凡粮食,米而不粉者种类甚多。相去数百里,则色、味、形、质随方而变,大同小异,千百其名。北人惟以大米呼粳稻,其余概以小米名之。凡黍与稷同类,粱与粟同类。黍有粘有不粘粘者为酒,稷有粳无粘。凡粘黍、粘粟统名曰秫,非二种外更有秫也。黍色赤、白、黄、黑皆有,而或专以黑色为稷,未是。至以稷米为先他谷熟,堪供祭祀,则当以早熟者为稷,则近之矣。

凡黍在《诗》《书》有虋、芑、秬、秠等名,在今方语有牛毛、燕颔、马革、驴皮、稻尾等名。种以三月为上时,五月熟;四月为中时,七月熟;五月为下时,八月熟。扬花、结穗总与来、牟不相见也。凡黍粒大小,总视土地肥硗、时令害育。宋儒拘定以某方黍定律,未是也。

凡粟与粱统名黄米,粘粟可为酒。而芦粟一种名曰高粱者,以其身长七尺如芦、荻也。粱粟种类名号之多,视黍稷犹甚。其命名或因姓氏、山水,或以形似、时令,总之不可枚举。山东人唯以谷子呼之,并不知粱粟之名也。以上四米皆春种秋获。耕耨之法与来、牟同,而种收之候则相悬绝云。

1-10 麻

凡麻可粒、可油者，惟火麻、胡麻二种。胡麻即脂麻，相传西汉始自大宛来。古者以麻为五谷之一，若专以火麻当之，义岂有当哉？窃意《诗》、《书》五谷之麻，或其种已灭，或即菽、粟之中别种，而渐讹其名号，皆未可知也。

今胡麻味美而功高，即以冠百谷不为过。火麻子粒压油无多，皮为疏恶布，其值几何？胡麻数龠充肠，移时不馁。粔饵、饴饧得粘其粒，味高而品贵。其为油也，髪得之而泽，腹得之而膏，腥膻得之而芳，毒癞得之而解。农家能广种，厚实可胜言哉。

种胡麻法，或治畦圃，或垄田亩，土碎、草净之极，然后以地灰微湿，拌匀麻子而撒种之。早春三月种，迟者不出大暑前。早种者花实亦待中秋乃结。耨草之功唯锄是视。其色有黑、白、赤三者。其结角长寸许，有四棱者房小而子少，八棱者房大而子多，皆因肥瘠所致，非种性也。收子榨油每石得四十斤余，其枯用以肥田。若饥荒之年，则留人食。

1-11 菽

凡菽种类之多，与稻、黍相等。播种、收获之期四季相承。果腹之功，在人日用，盖与饮食相终始。一种大豆有黑、黄二色，下种不出清明前后。黄者有五月黄、六月爆、冬黄三种。五月黄收粒少，而冬黄必倍之。黑者刻期八月收。淮北长征骡马必食黑豆，筋力乃强。

凡大豆视土地肥硗、耨草勤怠、雨露足悭，分收入多少。凡为豉、为酱、为腐，皆大豆中取质焉。江南又有高脚黄，六月刈早稻方再种，九、十月收获。江西吉郡种法甚妙，其刈稻竟不耕垦，每禾稿头中拈豆三、四粒，以指扱之，其稿凝露水以滋豆，豆性充发，复浸烂稿根以滋。已生苗之后，遇无雨亢干，则汲水一升以灌之。一灌之后，再耨之余，收获甚多。凡大豆入土未出芽时，防鸠雀害，驱之惟人。

一种绿豆，圆小如珠。绿豆必小暑方种，未及小暑而种，则其苗蔓延数尺，结荚甚稀。若过期至于处暑，则随时开花结荚，颗粒亦少。豆种亦有二，一曰摘绿，荚先老者先摘，人逐日而取之。一曰拔绿，则至期老足，竟亩拔取也。凡绿豆磨、澄、晒干为粉，荡片、搓索，食家珍贵。做粉溲浆灌田甚肥。凡蓄藏绿豆种子，或用地灰、石灰，或用马蓼，或用黄土拌收，则四、五月间不愁空蛀。勤者逢晴频晒，亦免蛀。

凡已刈稻田，夏秋种绿豆，必长接斧柄，击碎土块，发生乃多。凡种绿豆，一日之内遇大雨扳土，则不复生。既生之后，防雨水浸，疏沟浍以泄之。凡耕绿豆及大豆田地，耒耜欲浅，不宜深入。盖豆质根短而苗直，耕土既深，土块曲压，则不生者半矣。“深耕”二字不可施之菽类，此先农之所未发者。

一种豌豆，此豆有黑斑点，形圆同绿豆，而大则过之。其种十月下，来年五月收。凡树木叶[落]迟者，其下亦可种。一种蚕豆，其荚似蚕形，豆粒大于大豆。八月下种，来年四月收，西浙桑树之下遍繁种之。盖凡物树叶遮露则不生，此豆与豌豆，树叶茂时彼已结荚而成实矣。襄、汉上流，此豆甚多而贱，果腹之功不啻黍稷也。

一种小豆，赤小豆入药有奇功，白小豆一名饭豆当餐助嘉谷。夏至下种，九月收获，种盛江、淮之间。一种穞音吕豆，此豆古者野生田间，今则北土盛种。成粉、荡皮可敌绿豆。燕京负贩者，终朝呼穞豆皮，则其产必多矣。一种白扁豆，乃沿篱蔓生者，一名峨眉豆。其他豇豆、虎斑豆、刀豆与大豆中分青皮、褐色之类，间繁一方者，犹不能尽述。皆充蔬、代谷以粒烝民者，博物者其可忽诸！

乃服　第二

宋子曰，人为万物之灵，五官百体，赅而存焉。贵者垂衣裳；煌煌山龙，以治天下。贱者裋褐、枲裳，冬以御寒，夏以蔽体，以自别于禽兽。是故其质则造物之所具也。属草木者为枲、麻、苘、葛，属禽兽与昆虫者为裘、褐、丝、绵。各载其半，而裳服充焉矣。

天孙机杼，传巧人间。从本质而现花，因绣濯而得锦。乃杼柚遍天下，而得见花机之巧者，能几人哉？“治乱经纶”字义，学者童而习之，而终身不见其形象，岂非缺憾也！先列饲蚕之法，以知丝源之所自。盖人物相丽，贵贱有章，天实为之矣。

2-1 蚕种、蚕浴、种忌、种类

蚕种：凡蛹变蚕蛾，旬日破茧而出，雌雄均等。雌者伏而不动，雄者两翅飞扑，遇雌即交，交一日、半日方解。解脱之后，雄者中枯而死，雌者即时生卵。承藉卵生者，或纸或布，随方所用。嘉、湖用桑皮厚纸，来年尚可再用。一蛾计生卵二百余粒，自然粘于纸上，粒粒匀铺，天然无一堆积。蚕主收贮，以待来年。

蚕浴：凡蚕用浴法，唯嘉、湖两郡。湖多用天露、石灰，嘉多用盐卤水。每蚕纸一张，用盐仓走出卤水二升，掺水浸于盂内，纸浮其面石灰仿此。逢腊月十二即浸浴，至二十四日，计十二日，周即漉起，用微火烘干。从此珍重箱匣中，半点风湿不受，直待清明抱产。其天露浴者，时日相同。以篾盘盛纸，摊开屋上，四隅小石镇压。任从霜雪、风雨、雷电，满十二日方收。珍重、待时如前法。盖低种经浴，则自死不出，不费叶故，且得丝亦多也。晚种不用浴。

种忌：凡蚕纸用竹木四条为方架，高悬透风避日梁枋之上。其下忌桐油、烟煤火气。冬月忌雪映，一映即空。遇大雪下时，即忙收贮。明日雪过，依然悬挂，直待腊月浴藏。

种类：凡蚕有早、晚二种。晚种每年先早种五、六日出川中者不同，结茧亦在先，其茧较轻三分之一。若早蚕结茧时，彼已出蛾生卵，以便再养矣晚蛹戒不宜食。凡三样浴种，皆谨视原记。如一错误，或将天露者投盐浴，则尽空不出矣。凡茧色唯黄、白二种，川、陕、晋、豫有黄无白，嘉、湖有白无黄。若将白雄配黄雌，则其嗣变成褐茧。黄丝以猪胰漂洗，亦成白色，但终不可染缥白、桃红二色。

凡蚕形有数种。晚茧结成亚腰葫芦样，天露茧尖长如榧子形，又或圆扁如核桃形。又一种不忌泥涂叶者，名为贱蚕，得丝偏多。凡蚕形亦有纯白、虎斑、纯黑、花纹数种，吐丝则同。今寒家有将早雄配晚雌者，幻出嘉种，一异也。野蚕自为茧，出青州、沂水等地，树老即自生。其丝为衣，能御雨及垢污。其蛾出即能飞，不传种纸上。他处亦有，但稀少耳。

2-2 抱养、养忌、叶料、食忌、病症

抱养：凡清明逝三日，蚕即不偎衣、衾暖气，自然生出。蚕室宜向东南，周围用纸糊风隙，上无棚板者宜顶格。值寒冷则用炭火于室内助暖。凡初乳蚕，将桑叶切为细条，切叶不束稻麦稿为之，则不损刀。摘叶用瓮坛盛，不欲风吹枯悴。

二眠以前，腾筐方法皆用尖圆小竹筷提过。二眠以后则不用箸，而手指可拈矣。凡腾筐勤苦，皆视人工。怠于腾者，厚叶与粪湿蒸，多致压死。凡眠齐时，皆吐丝而后眠。若腾过，须将旧叶些微拣净。若粘带丝缠叶在中，眠起之时，恐其即食一口则其病为胀死。三眠已过，若天气炎热，急宜搬出宽亮所，亦忌风吹。凡大眠后，计上叶十二餐方腾，太勤则丝糙。

养忌：凡蚕畏香复畏臭。若焚骨灰、淘毛圊者顺风吹来，多致触死。隔壁煎鲍鱼、宿脂亦或触死。灶烧煤炭，炉爇沉、檀亦触死。懒妇便器摇动气侵，亦有损伤。若风则偏忌西南，西南风太劲，则有合箔皆僵者。凡臭气触来，急烧残桑叶烟以抵之。

叶料：凡桑叶无土不生。嘉、湖用枝条垂压，今年视桑树旁生条，用竹钩挂卧，逐渐近地面，至冬月则抛土压之。来春每节生根，则剪开他栽。其树精华皆聚叶上，不复生葚与开花矣。欲叶便剪摘，则树至七、八尺即斩截当顶，叶则婆娑可扳伐，不必乘梯缘木也。其他用子种者，立夏桑葚紫熟时取来，用黄泥水搓洗，并水浇于地面，本秋即长尺余，来春移栽。倘浇粪勤劳，亦易长茂。但间有生葚与开花者，则叶最薄少耳。又有花桑，叶薄不堪用者，其树[嫁]接过，亦生厚叶也。

又有柘叶一种，以济桑叶之穷。柘叶浙中不经见，川中最多。寒家用浙种，桑叶穷时仍啖柘叶，则物理一也。凡琴弦、弓弦丝，用柘养蚕名曰棘茧，谓最坚韧。凡取叶必用剪，铁剪出嘉郡桐乡者最犀利，他乡未得其利。剪枝之法，再生条次月叶愈茂，取资既多，人工复便。凡再生叶条，仲夏以养晚蚕，则止摘叶而不剪条。二叶摘后，秋来三叶复茂，浙人听其经霜自落，片片扫拾以饲绵羊，大获绒毡之利。

食忌：凡蚕大眠以后，径食湿叶。雨天摘来者，任从铺地加餐。晴天摘来者，以水洒湿而饲之，则丝有光泽。未大眠时，雨天摘叶用绳悬挂透风檐下，时振其绳，待风吹干。若用手掌拍干，则叶焦而不滋润，他时丝亦枯色。凡食叶，眠前必令饱足而眠，眠起即迟半日上叶无妨也。雾天湿叶甚坏蚕，其晨有雾切勿摘叶。待雾收时，或晴或雨，方剪伐也。露珠水亦待旰干而后剪摘。

病症：凡蚕卵中受病，已详前款。出后湿热、积压，防忌在人。初眠腾时用漆盒者，不可盖掩逼出气水。凡蚕将病，则脑上放光，通身黄色，头渐大而尾渐小。并及眠之时，游定不眠，食叶又不多者，皆病作也。急择而去之，勿使败群。凡蚕强美者必眠叶面，压在下者或力弱或性惰，作茧亦薄。其作茧不知收法，妄吐丝成阔窝者，乃蠢蚕，非懒蚕也。

2-3 老足、结茧、取茧、物害、择茧

老足：凡蚕食叶足候，只争时刻。自卵出多在辰、巳二时，故老足结茧亦多辰、巳二时。老足者喉下两通明。捉时嫩一分则丝少，过老一分又吐去丝，茧壳必薄。捉者眼法高，一只不差方妙。黑色蚕不见身中透光，最难捉。

结茧：山箔具图。凡结茧必如嘉、湖，方尽其法。他国不知用火烘，听蚕结出。甚至丛秆之内、箱匣之中，火不经，风不透。故所为屯、漳等绢，豫、蜀等绸，皆易朽烂。若嘉、潮产丝成衣，即入水浣濯百余度，其质尚存。其法析竹编箔，其下横架料木约六尺高，地下摆列炭火炭忌爆炸，方圆去四、五尺即列火一盆。初上山时，火分两略轻少，引他成绪，蚕恋火意，即时造茧，不复

缘走。

茧绪既成，即每盆加火半斤，吐出丝来随即干燥，所以经久不坏也。其茧室不宜楼板遮盖，下欲火而上欲风凉也。凡火顶上者，不以为种，取种宁用火偏者。其箔上山用麦稻稿斩齐，随手纠捩成山，顿插箔上。做山之人最宜手健。箔竹稀疏用短稿略铺洒，防蚕跌坠地下与火中也。

取茧：凡茧造三日，则下箔而取之。其壳外浮丝一名丝匡者，湖郡老妇贱价买去每斤百文，用铜钱坠打成线，织成湖绸。去浮之后，其茧必用大盘摊开架上，以听治丝、扩绵。若用厨箱掩盖，则浥郁而丝绪断绝矣。

物害：凡害蚕者有雀、鼠、蚊三种。雀害不及茧，蚊害不及早蚕，鼠害则与之相终始。防驱之智，是不一法，唯人所行也。雀屎粘叶，蚕食之立刻死烂。

择茧：凡取丝必用圆正独蚕茧，则绪不乱。若双茧并四、五蚕共为茧，择去取绵用。或以为丝，则粗甚。

2-4　造绵

凡双茧并缫丝锅底零余，并出种茧壳，皆绪断乱不可为丝，用以取绵。用稻灰水煮过不宜石灰，倾入清水盆内。手大指去甲净尽，指头顶开四个，四四数足，用拳顶开又四四十六拳数，然后上小竹弓。此《庄子》所谓"洴澼"也。

湖绵独白净清化者，总缘手法之妙。上弓之时惟取快捷，带水扩开。若稍缓水流去，则结块不尽解，而色不纯白矣。其治丝余者名锅底绵，装绵衣、衾内以御重寒，谓之挟纩。凡取绵人工，难于取丝八倍，竟日只得四两余。用此绵坠打线织湖绸者，价颇重。以绵线登花机者名曰花绵，价尤重。

2-5　治丝

凡治丝，先制缫车。其尺寸、器具开载后图。锅煎极沸汤，丝粗细视投茧多寡。穷日之力，一人可取三十两。若包头丝，则只取二十两，以其苗长也。凡绫罗丝，一起投茧二十枚，包头丝只投十余枚。凡茧滚沸时，以竹签拨动水面，丝绪自见。提绪入手，引入竹针眼，先绕星丁头以竹棍作成，如香筒样，然后由送丝竿勾挂，以登大关车。

断绝之时，寻绪丢上，不必绕接。其丝排匀、不堆积者，全在送丝竿与磨之上。川蜀缫车制稍异，其法架横锅上，引四、五绪而上，两人对寻锅中绪，然终不若湖制之尽善也。凡供治丝薪，取极燥无烟湿者，则宝色不损。丝美之法有六字，一曰出口干，即结茧时用炭火烘。一曰出水干，则治丝登车时，用炭火四、五两盆盛，去关车五寸许。运转如风时，转转火意照干，是曰出水干也。若晴光又风色，则不用火。

2-6 调丝、纬络、经具、过糊

调丝：凡丝议织时，最先用调。透光檐端宇下以木架铺地，置竹四根于上，名曰络笃。丝匡竹上，其旁倚柱高八尺处，钉具斜安小竹偃月挂钩。悬搭丝于钩内，手中执篗旋缠，以俟牵经、织纬之用。小竹坠石为活头，接断之时，扳之即下。

纬络：纺车具图。凡丝既篗之后，以就经纬。经质用少，而纬质用多。每丝十两，经四纬六，此大略也。凡供纬篗，以水沃湿丝，摇车转锭而纺于竹管之上。竹用小箭竹。

经具：溜眼、掌扇、经耙、印架皆附图。凡丝既篗之后，牵经就织。以直竹竿穿眼三十余，透过篾圈，名曰溜眼。竿横架柱上，丝从圈透过掌扇，然后绕缠经耙之上。度数既足，将印架捆卷。既捆，中以交竹二度，一上一下间丝，然后扱于筘内此筘非织筘，扱筘之后，以的杠与印架相望，登开五、七丈。或过糊者，就此过糊。或不过糊，就此卷于的杠，穿综就织。

过糊：凡糊用面筋内小粉为质。纱、罗所必用，绫、绸或用或不用。其染纱不存素质者，用牛胶水为之，名曰清胶纱。糊浆承于筘上，推移染透，推移就干。天气晴明，顷刻而燥，阴天必借风力之吹也。

2-7 边维、经数

边维：凡帛不论绫、罗，皆别牵边，两旁各二十余缕。边缕必过糊，用筘推移梳干。凡绫、罗必三十丈、五六十丈一穿，以省穿接繁苦。每匹应截画墨于边丝之上，即知其丈尺之足。边丝不登的杠，别绕机梁之上。

经数：凡织帛，罗、纱筘以八百齿为率，绫、绢筘以一千二百齿为率。每筘齿中度经过糊者，四缕合为二缕，罗、纱经计三千二百缕，绫、绸经计五千、六千缕。古书八十缕为一升，今绫、绢厚者，古所谓六十升布也。凡织花纹必用嘉、湖出口、出水皆干丝为经，则任从提挈，不忧断接。他省者即勉强提花，潦草而已。

2-8　花机式、腰机式、结花本

花机式：凡花机通身度长一丈六尺，隆起花楼，中托衢盘，下垂衢脚。水磨竹棍为之，计一千八百根。对花楼下掘坑二尺许，以藏衢脚。地气湿者，架棚二尺代之。提花小厮坐立花楼架木上。机末以的杠卷丝，中用叠助木两枝直穿二木，约四尺长，其尖插于筘两头。

叠助，织纱、罗者视织绫、绢者减轻十余斤方妙。其素罗不起花纹，与软纱、绫绢踏成浪、梅小花者，视素罗只加桄两扇。一人踏织自成，不用提花之人闲住花楼，亦不设衢盘与衢脚也。其机式两接，前一接平安，自花楼向身一接斜倚低下尺许，则叠助力雄。若织包头细软，则另为均平不斜之机。坐处斗二脚，以其丝微细，防遏叠助之力也。

腰机式：凡织杭西、罗地等绢，轻素等绸，银条、巾帽等纱，不必用花机，只用小机。织匠以熟皮一方置坐下，其力全在腰、尻之上，故名腰机。普天织葛、苎、棉布者，用此机法，布帛更整齐、坚泽，惜今传之犹未广也。

结花本：凡工匠结花本者，心计最精巧。画师先画何等花色于纸上，结本者以丝线随画量度，算计分寸秒忽而结成之。张悬花楼之上，即结者不知成何花色，穿综带经，随其尺寸、度数提起衢脚，梭过之后居然花现。盖绫绢以浮经而现花，纱罗以纠纬而现花。绫绢一梭一提，纱罗来梭提，往梭不提。天孙机杼，人巧备矣。

2-9　穿经、分名、熟练

穿经：凡丝穿综度经，必用四人列坐。过筘之人手执筘耙先插，以待丝至。经过箝，则两指执定，足五、七十箝，则绦结之。不乱之妙，消息全在交竹。即接断，就丝一扯即长数寸。打结之后，依还原度，此丝本质自具之妙也。

分名：凡罗，中空小路以透风凉，其消息全在软综之中。衮头两扇打综，一软一硬。凡五梭、三梭最厚者七梭之后，踏起软综，自然纠转诸经，空路不粘。若平过不空路而仍稀者曰纱，消息亦在两扇衮头之上。直至织花绫绸，则去此两扇，而用桄综八扇。

凡左右手各用一梭交互织者，曰绉纱。凡单经曰罗地，双经曰绢地，五经曰绫地。凡花分实地与绫地，绫地者光，实地者暗。先染丝而后织者曰缎北地屯绢亦先染过。就丝绸机上织时，两梭轻、一梭重，空出稀路者，名曰秋罗，此法亦起近代。凡吴越秋罗，闽、广怀素，皆利缙绅当暑服，屯绢则为外官、卑官逊别锦绣用也。

熟练：凡帛织就犹是生丝，煮练方熟。练用稻稿灰入水煮。以猪胰脂陈宿一晚，入汤浣之，宝色烨然。或用乌梅者，宝色略减。凡早丝为经、晚丝为纬者，练熟之时每十两轻去三两。经、纬皆美好早丝，轻化只二两。练后日干张急，以大蚌壳磨使乖钝，通身极力刮过，以成宝色。

2－10 龙袍、倭缎

龙袍：凡上供龙袍，我朝局在苏、杭。其花楼高一丈五尺，能手两人扳提花本，织过数寸即换龙形。各房斗合不出一手。赭、黄亦先染丝，工器原无殊异，但人工慎重与资本皆数十倍，以效忠敬之谊。其中节目微细，不可得而详考云。

倭缎：凡倭缎制起东夷，漳、泉海滨效法为之。丝质来自川蜀，商人万里贩来，以易胡椒归里。其织法亦自夷国传来。盖质已先染，而斫线夹藏经面，织过数寸即刮成黑光。北虏互市者见而悦之。但其帛最易朽污，冠弁之上倾刻集灰，衣领之间移日损坏。今华夷皆贱之，将来为弃物，织法可不传云。

2-11 布衣、枲著、夏服

布衣：赶、弹、纺 具图：凡棉衣御寒，贵贱同之。棉花古书名枲麻，种遍天下。种有木棉、草棉两者，花有白、紫二色。种者白居十九，紫居十一。凡棉春种秋花，花先绽者逐日摘取，取不一时。其花粘子于腹，登赶车而分之。去子取花，悬弓弹化。为挟纩温衾、袄者，就此止功。弹后以木板搓成长条以登纺车，引绪纠成纱缕。然后绕篗、牵经就织。凡纺工能者一手握三管纺于锭上捷则不坚。

凡棉布寸土皆有，而织造尚松江，浆染尚芜湖。凡布缕紧则坚，缓则脆。碾石取江北性冷质腻者每块佳者值十余金，石不发烧，则缕紧不松泛。芜湖巨店首尚佳石。广南为布薮，而偏取远产，必有所试矣。为衣敝浣，犹尚寒砧捣声，其义亦犹是也。外国朝鲜造法相同，惟西洋则未核其质，并不得其机织之妙。凡织布有云花、斜纹、象眼等，皆纺花机而生义。然既曰布衣，太素足矣。织机十室必有，不必具图。

枲著：凡衣、衾挟纩御寒，百人之中，止一人用茧绵，余皆枲著。古缊袍，今俗名胖袄。棉花既弹化，相衣、衾格式而入装之。新装者附体轻暖，经年板紧，暖气渐无，取出弹化而重装之，其暖如故。

夏服：凡苎麻无土不生。其种植有撒子、分头两法。池郡每岁以草粪压头，其根随土而高，广南青麻撒子种田茂甚。色有青、黄两样。每岁有两刈者、有三刈者，绩为当暑衣裳、帷帐。凡苎皮剥取后，喜日燥干，见水即烂。破析时则以水浸之，然只耐二十刻，久而不析亦烂。苎质本淡黄，漂工化成至白色。先取稻灰、石灰水煮过，入长流水再漂，再晒，以成至白。纺苎纱能者用脚车，一女工并敌三工。惟破析时穷日之力只得三、五铢重。织苎机具与织棉者同。凡布衣缝线、革履串绳，其质必用苎纠合。

凡葛蔓生，质长于苎数尺。破析至细者，成布贵重。又有苘麻一种，成布甚粗，最粗者以充丧服。即苎布有极粗者，漆家以盛布灰，大内以充火炬。又有蕉纱，乃闽中取芭蕉皮析、绩为之，轻细之甚，值贱而质枵，不可为衣也。

2-12 裘

凡取兽皮制服，统名曰裘。贵至貂、狐，贱至羊、麂，值分百等。貂产辽东外徼建州地及朝鲜国。其鼠好食松子，夷人夜伺树下，屏息悄声而射取之。一貂之皮方不盈尺，积六十余貂仅成一裘。服貂裘者立风雪中，更暖于宇下。眯入目中，拭之即出，所以贵也。色有三种，一白者曰银貂，一纯黑，一黯黄。黑而长毛者，近值一帽套已五十金。凡狐、貉亦产燕、齐、辽、汴诸道。纯白狐腋裘价与貂相仿，黄褐狐裘值貂五分之一，御寒温体功用次于貂。凡关外狐，取毛见底青黑，中国者吹开见白色，以此分优劣。

羊皮裘母贱子贵。在腹者名曰胞羔毛文略具，初生者名曰乳羔皮上毛似耳环脚，三月者曰跑羔，七月者曰走羔毛文渐直。胞羔、乳羔为裘不膻。古者羔裘为大夫之服，今西北缙绅亦贵重之。其老大羊皮硝熟为裘，裘质痴重，则贱者之服耳。然此皆绵羊所为。若南方短毛革，硝其鞟如纸薄，止供画灯之用而已。服羊裘者，腥膻之气习久而俱化，南方不习者不堪也。然寒凉渐杀，亦无所用之。

麂皮去毛，硝熟为袄、裤，御风便体，袜、靴更佳。此物广南繁生外，中土则积集楚中，望华山为市皮之所。麂皮且御蝎患，北人制衣而外，割条以缘衾边，则蝎自远去。虎豹至文，将军用以彰身。犬、豕至贱，役夫用以适足。西戎尚獭皮，以为毳衣领饰。襄黄之人穷山越国射取而远货，得重价焉。殊方异物如金丝猿，上用为帽套。扯里狲御服以为袍，皆非中华物也。兽皮衣人，此其大略，方物则不可殚述。飞禽之中有取鹰腹、雁胁毳毛，杀生盈万乃得一裘，名天鹅绒者，将焉用之？

2-13 褐、毡

凡绵羊有二种，一曰蓑衣羊，剪其毳为毡、为绒片，帽、袜遍天下，胥此出焉。古者西域羊未入中国，作褐为贱者服，亦以其毛为之。褐有粗而无精，今日粗褐亦间出此羊之身。此种自徐、淮以北州郡，无不繁生。南方唯湖郡饲畜绵羊，一岁三剪毛夏季稀革不生。每羊一只岁得绒袜料三双。生羔牝牡合数得二羔，故北方家畜绵羊百只，则岁入计百金云。

一种矞艻羊番语，唐末始自西域传来，外毛不甚蓑长，内毳细软，取织绒褐，秦人名曰山羊，以别绵羊。此种先自西域传入临洮，今兰州独盛，故褐之细者皆出兰州，一曰兰绒，番语谓之孤古绒，从其初号也。山羊毳绒亦分两等，一曰绒，用梳栉下，打线织帛，曰褐子、把子诸名色。一曰拔绒，乃毳毛精细者，以两指甲逐茎挦下，打线织成褐。此褐织成，揩面如丝帛滑腻。每人穷日之力打线只得一钱重，费半载工夫方成匹帛之料。若绒打线，日多拔绒数倍。凡打褐绒线，冶铅为锤坠于绪端，两手宛转搓成。

凡织绒褐机大于布机，用综八扇，穿经度缕，下拖四踏轮，踏起经隔二抛纬，故织出纹成斜现。其梭长一尺二寸。机织、羊种皆彼时归夷传来名姓再详，故至今织工皆其族类，中国无与也。凡绵羊剪毳，粗者为毡，细者为绒。毡皆煎烧沸汤投于其中搓洗，俟其黏合，以木板定物式，铺绒其上，运轴赶成。凡毡绒白、黑为本色，其余皆染也。其氍毹、氆氇等名称，皆华夷各方语所命。若最粗而为毯者，则驽马诸料杂错而成，非专取料于羊也。

彰施　第三

宋子曰，霄汉之间云霞异色，阎浮之内花叶殊形。天垂象而圣人则之，以五彩彰施于五色，有虞氏岂无所用心哉？飞禽众而凤则丹，走兽盈而麟则碧。夫林林青衣望阙而拜黄朱也，其义亦犹是矣。君子曰，甘受和，白受采。世间丝、麻、裘、褐皆具素质，而使殊颜异色得以尚焉。谓造物而不劳心者，吾不信也。

3-1　诸色质料

大红色：其质红花饼一味，用乌梅水煎出，又用碱水澄数次。或稻稿灰代碱，功用亦同。澄得多次，色则鲜甚。染房讨便宜者先染芦木打脚。凡红花最忌沉、麝，袍服与衣香共收，旬月之间其色即毁。凡红花染帛之后，若欲退转,但浸湿所染帛,以碱水、稻灰水滴上数十点,其红一毫收转,仍还原质。所收之水藏于绿豆粉内,放出染红,半滴不耗。染家以为秘诀,不以告人。**莲红、桃红色、银红、水红色:** 以上质亦红花饼一味,浅深分两加减而成。是四色皆非黄茧丝所可为,必用白丝方现。

木红色: 用苏木煎水,入明矾、棓子。**紫色:** 苏木为地,青矾尚之。**赫黄色:** 制未详。**鹅黄色:** 黄蘖煎水染,靛水盖上。**金黄色:** 芦木煎水染,复用麻稿灰淋,碱水漂。**茶褐色:** 莲子壳煎水染,复用青矾水盖。**大红官绿色:** 槐花煎水染,蓝淀盖,浅深皆用明矾。**豆绿色:** 黄蘖水染,靛水盖。今用小叶苋蓝煎水盖者名草豆绿,色甚鲜。**油绿色:** 槐花薄染,青矾盖。

天青色: 入靛缸浅染,苏木水盖。**葡萄青色:** 入靛缸深染,苏木水盖。**蛋青色:** 黄蘖水染,然后入靛缸。**翠蓝、天蓝:** 二色俱靛水分深浅。**玄色:** 靛水染深青,芦木、杨梅皮等分煎水盖。又一法,将蓝芽叶水浸,然后下青矾、棓子同浸,令布帛易朽。**月白、草白二色:** 俱靛水微染,今法用苋蓝煎水,半生半熟染。**象牙色:** 芦木煎水薄染,或用黄土。**耦褐色:** 苏木水薄染,入莲子壳、青矾水薄盖。**附:染包头青色:** 此黑不出蓝靛,用栗壳或莲子壳煎煮一日,漉起,然后入铁砂、皂矾锅内,再煮一宵即成深黑色。

附染毛青布色法: 布青初尚芜湖千百年矣,以其浆碾成青光,边方外国皆贵重之。人情久则生厌。毛青乃出近代,其法取松江美布染成深青,不复浆碾,吹干,用胶水参豆浆水一过。先蓄好靛,名曰标缸,入内薄染即起。红焰之色隐然,此布一时重用。

3-2 蓝淀

凡蓝五种皆可为淀。茶蓝即菘蓝,插根活。蓼蓝、马蓝、吴蓝等皆撒子生。近又出蓼蓝小叶者,俗名苋蓝,种更佳。

凡种茶蓝法,冬月割获,将叶片片削下,入窖造淀。其身斩去上下,近根留数寸,熏干,埋藏土内。春月烧净山土,使极肥松,然后用锥锄其锄勾末向身,长八寸许刺土打斜眼,插入于内,自然活根生叶。其余蓝皆收子撒种畦圃中。

暮春生苗，六月采实，七月刈身造淀。

凡造淀，叶与茎多者入窖，少者入桶与缸。水浸七日，其汁自来。每水浆一石下石灰五升，搅冲数十下，淀信即结。水性定时，淀沉于底。近来出产，闽人种山皆茶蓝，其数倍于诸蓝。山中结箬篓输入舟航。其掠出浮抹晒干者，曰靛花。凡蓝入缸，必用稻灰水先和，每日手执竹棍搅动，不可计数。其最佳者曰标缸。

3-3　红花

红花场圃撒子种，二月初下种。若太早种者，苗高尺许即生虫如黑蚁，食根立毙。凡种地肥者，苗高二、三尺。每路打橛，缚绳横拦，以备狂风拗折。若瘦地，尺五以下者，不必为之。

红花入夏即放绽，花下作梂汇多刺，花出梂上。采花者必侵晨带露摘取。若日高露旰，其花即结闭成实，不可采矣。其朝阴雨无露，放花较少，旰摘无妨，以无日色故也。红花逐日放绽，经月乃尽。入药用者不必制饼。若入染家用者，必以法成饼然后用，则黄汁净尽，而真红乃现也。其子煎压出油，或以银箔贴扇面，用此油一刷，火上照干，立成金色。

造红花饼法：带露摘红花，捣熟，以水淘，布袋绞去黄汁。又捣以酸粟或米泔清。又淘，又绞袋去汁。以青蒿覆一宿，捏成薄饼，阴干收贮。染家得法，“我朱孔阳”，所谓猩红也。染纸吉礼用，亦必用制饼，不然全无色。

3-4　附：燕脂、槐花

燕脂：燕脂古造法以紫矿染绵者为上，红花汁及山榴花汁者次之。近济宁路但取染残红花滓为之，值甚贱。其滓干者名曰紫粉。丹青家或收用，染家则糟粕弃也。

槐花：凡槐树十余年后方生花实。花初试未开者曰槐蕊，绿衣所需，犹红花之成红也。取者张度稠其下而承之。以水煮一沸，漉干捏成饼，入染家用。既放之花色渐入黄，收用者以石灰少许洒拌而藏之。

粹精　第四

宋子曰，天生五谷以育民，美在其中，有“黄裳”之意焉。稻以糠为甲，麦以麸为衣。粟、粱、黍、稷毛羽隐焉。播精而择粹，其道宁终秘也。饮食而知味者，食不厌精。杵臼之利，万民以济，盖取诸《小过》。为此者，岂非人貌而天者哉？

4-1　攻稻

凡稻刈获之后，离稿取粒。束稿于手而击取者半，聚稿于场而曳牛滚石以取者半。凡束手而击者，受击之物或用木桶，或用石板。收获之时雨多霁少，田稻交湿不可登场者，以木桶就田击取。晴霁稻干，则用石板甚便也。

凡服牛曳石滚压场中，视人手击取者力省三倍。但作种之谷恐磨去壳尖减削生机，故南方多种之家，场禾多借牛力，而来年作种者，宁向石板击取也。凡稻最佳者，九穰一秕。倘风雨不时，耘耔失节，则六穰四秕者容有之。凡去秕，南方尽用风车扇去。北方稻少，用扬法，即以扬麦、黍者扬稻，盖不若风车之便也。

凡稻去壳用砻，去膜用舂、用碾。然水碓主舂则兼并砻功，燥干之谷入碾亦省砻也。凡砻有二种，一用木为之，截木尺许，质多用松，斫合成大磨形，两扇皆凿纵斜齿，下合植笋穿贯上合，空中受谷。木砻攻米二千余石其身乃尽。凡木砻，谷不甚燥者入砻亦不碎，故入贡军国、漕储千万，皆出此中也。一土砻，析竹匡围成圈，实洁净黄土于内，上下两面各嵌竹齿。上合空受谷，其量倍于木砻。谷稍滋湿者，入其中即碎断。土砻攻米二百石其身乃朽。凡木砻必用健夫，土砻即孱妇弱子可胜其任。庶民饔飧皆出此中也。

凡既砻，则风扇以去糠秕，倾入筛中团转。谷未剖破者，浮出筛面，重复入砻。凡筛大者围五尺，小者半之。大者其中心偃隆而起，健夫利用。小者弦高二寸，其中平洼，妇子所需也。凡稻米既筛之后，入臼而舂，臼亦两种。

八口以上之家，掘地藏石臼其上。臼量大者容五斗，小者半之。横木穿插碓头，碓嘴冶铁为之，用醋滓合上。足踏其末而舂之。不及则粗，太过则粉，精粮从此出焉。晨炊无多者，断木为手杵，其臼或木或石以受舂也。既舂以后，皮膜成粉，名曰细糠，以供犬猪之豢。荒歉之岁人亦可食也。细糠随风扇播扬分去，则膜尘净尽而粹精见矣。

凡水碓，山国之人居河滨者之所为也，攻稻之法省人力十倍，人乐为之。引水成功，即筒车灌田同一制度也。设臼多寡不一，值流水少而地窄者，或两三臼。流水洪而地室宽者，即并列十臼无忧也。江南信郡水碓之法巧绝。盖水碓所愁者，埋臼之地卑则洪潦为患，高则承流不及。信郡造法即以一舟为地，撅桩维之。筑土舟中，陷臼于其上。中流微堰石梁，而碓已造成，不烦椓木壅坡之力也。又有一举而三用者，激水转轮头，一节转磨成面，二节运碓成米，三节引水灌稻田。此心计无遗者之所为也。

凡河滨水碓之国，有老死不见砻者，去糠去膜皆以臼相终始。惟风筛之法则无不同也。凡碾砌石为之，承藉、转轮皆用石。牛犊、马驹惟人所使。盖一牛之力，日可得五人。但入其中者必极燥之谷，稍润则碎断也。

4-2　攻　麦

凡小麦其质为面。盖精之至者，稻中再舂之米；粹之至者，麦中重罗之面也。小麦收获时，束稿击取，如击稻法。其去秕法，北土用扬，盖风扇流传未遍率土也。凡扬不在宇下，必待风至而后为之。风不至，雨不收，皆不可为也。

凡小麦既扬之后，以水淘洗尘垢净尽，又复晒干，然后入磨。凡小麦有紫、黄二种，紫胜于黄。凡佳者每石得面一百二十斤，劣者损三分之一也。凡磨大小无定形，大者用肥犍力牛曳转。其牛曳磨时用桐壳掩眸，不然则眩晕。其腹系桶以盛遗，不然则秽也。次者用驴磨，斤两稍轻。又次小磨，则止用人推挨者。

凡力牛一日攻麦二石，驴半之，人则强者攻三斗，弱者半之。若水磨之法,其详已载《攻稻·水碓》中,制度相同,其便利又三倍于牛犊也。凡斗、马[磨]与水磨,皆悬袋磨上,上宽下窄,贮麦数斗于中,溜入磨眼。人力所挨则不必也。

凡磨石有两种,面品由石而分。江南少粹白上面者,以石怀沙滓,相磨发烧,则其麸并破,故黑颣参和面中,无从罗去也。江北石性冷腻,而产于池郡之九华山者美更甚。以此石制磨,石不发烧,其麸压至扁秕之极不破,则黑疵一毫不入,而面成至白也。凡江南磨二十日即断齿,江北者经半载方断。南磨破麸得面百斤,北磨只得八十斤,故上面之值增十之二,然面筋、小粉皆从彼磨出,则衡数已足,得值更多焉。

凡麦经磨之后,几番入罗,勤者不厌重复。罗框之底用丝织罗地绢为之。湖丝所织者,罗面千石不损。若他方黄丝所为,经百石而已朽也。凡面既成后,寒天可经三月,春夏不出二十日即郁坏。为食适口,贵及时也。凡大麦则就舂去膜,炊饭而食,为粉者十无一焉。荞麦则微加舂杵去衣,然后或舂或磨以成粉而后食之。盖此类之视小麦,精粗贵贱大径庭也。

4-3 攻黍、稷、粟、粱、麻、菽

凡攻治小米,扬得其实,舂得其精,磨得其粹。风扬、车扇而外,簸法生焉。其法篾织为圆盘,铺米其中,挤匀扬播。轻者居前,揲弃地下。重者在后,嘉实存焉。凡小米舂、磨、扬、播制器,已详《稻》、《麦》之中。唯小碾一制在《稻》、《麦》之外。北方攻小米者,家置石墩,中高边下,边沿不开槽。铺米墩上,妇子两人相向,接手而碾之。其碾石圆长如牛赶石,而两头插木柄。米堕边时,随手以小彗扫上。家有此具,杵臼竟悬也。

凡胡麻刈获,于烈日中晒干,束为小把。两手执把相击,麻粒纷落,承以簟席也。凡麻筛与米筛小者同形,而目密五倍。麻从目中落,叶残、角屑皆浮筛上而弃之。凡豆菽刈获,少者用枷,多而省力者仍铺场,烈日晒干,牛曳石赶而压落之。凡打豆枷竹木竿为柄,其端凿圆眼,拴木一条,长三尺许,铺豆于场执柄而击之。凡豆击之后,用风扇扬去荚叶,筛以继之,嘉实洒然入

廪矣。是故舂、磨不及麻，碨碾不及菽也。

作咸　第五

宋子曰，天有五气，是生五味。润下作咸，王访箕子而首闻其义焉。口之于味也，辛酸甘苦经年绝一无恙。独食盐禁戒旬日，则缚鸡胜匹，倦怠恹然。岂非天一生水，而此味为生人生气之源哉？四海之中，五服而外，为蔬为谷，皆有寂灭之乡，而斥卤则巧生以待。孰知其[所]以然？

5-1　盐产

凡盐产最不一，海、池、井、土、崖、砂石，略分六种，而东夷树叶、西戎光明不与焉。赤县之内，海卤居十之八，而其二为井、池、土碱，或假人力，或由天造。总之，一经舟车穷窘，则造物应付出焉。

5-2　海水盐

凡海水自具咸质。海滨地高者名潮墩，下者名草荡，地皆产盐。同一海卤传神，而取法则异。一法，高堰地，潮波不没者，地可种盐。种户各有区画经界，不相侵越。度诘朝无雨，则今日广布稻、麦稿灰及芦茅灰寸许于地上，压使平匀。明晨露气冲腾，则其下盐茅勃发。日中晴霁，灰、盐一并扫起淋煎。

一法，潮波浅被地，不用灰压。俟潮一过，明日天晴，半日晒出盐霜，疾趋扫起煎炼。一法，逼海潮[入]深地，先掘深坑，横架竹木，上铺席苇，又铺沙于苇席之上。候潮灭顶冲过，卤气由沙渗下坑中，撤去沙苇。以灯烛之，卤气冲灯即灭，取卤水煎炼。总之功在晴霁，若淫雨连旬，则谓之盐荒。又淮场地面有日晒自然生霜如马牙者，谓之大晒盐，不由煎炼，扫起即食。海水顺风漂来断草，勾取煎炼，名蓬盐。

凡淋煎法，掘坑二个，一浅一深。浅者尺许，以竹木架芦席于上。将帚来盐料不论有灰无灰，淋法皆同，铺于席上。四周隆起，作一堤垱形，中以海水灌淋，渗下浅坑中。深者深七、八尺，受浅坑所淋之汁，然后入锅煎炼。

凡煎盐锅古谓之“牢盆”，亦有两种制度。其盆周阔数丈，径亦丈许。用铁者以铁打成叶片，铁钉拴合，其底平如盂，其四周高尺二寸。其合缝处一经卤汁结塞，永无隙漏。其下列灶燃薪，多者十二、三眼，少者七、八眼，共煎此盘。南海有编竹为者，将竹编成阔丈深尺，糊以蜃灰，附于釜背。火燃釜底，滚沸延及成盐，亦名盐盆，然不若铁叶镶成之便也。凡煎卤未即凝结，将皂角椎碎和粟米糠二味，卤沸之时投入其中搅和，盐即顷刻结成。盖皂角结盐，犹石膏之结[豆]腐也。

凡盐淮、扬场者，质重而黑，其他质轻而白。以量较之，淮场者一升重十两，则广、浙、长芦者，只重六、七两。凡蓬草盐不可常期，或数年一至，或一月数至。凡盐见水即化，见风即卤，见火愈坚。凡收藏不必用仓廪，盐性畏风不畏湿，地下叠稿三寸，任从卑湿无伤。周遭以土砖泥隙，上盖茅草尺许，百年如故也。

5－3 池盐

凡池盐宇内有二，一出宁夏，供食边镇。一出山西解池，供晋、豫诸郡县。解池界安邑、猗氏、临晋之间，其池外有城堞，周遭禁御。池水深聚处，其色绿沉。土人种盐者池旁耕地为畦垄，引清水入所耕畦中，忌浊水参入，即淤淀盐脉。

凡引水种盐，春间即为之，久则水成赤色。待夏秋之交，南风大起，则一宵结成，名曰颗盐，即古志所谓大盐也。凡海水煎者细碎，而此成粒颗，故得大名。其盐凝结之后，扫起即成食味。种盐之人积扫一石交官，得钱数十文而已。其海丰、深州引海水入池晒成者，凝结之时，扫食不加人力，与解盐同。但成盐时日与不借南风，则大异也。

5－4 井盐

凡滇、蜀两省远离海滨，舟车艰通，形势高上，其咸脉即蕴藏地中。凡蜀中石山去河不远者，多可造井取盐。盐井周圆不过数寸，其上口一小盂覆之有余，深必十丈以外乃得卤信，故造井功费甚难。其器冶铁锥，如碓嘴形，其尖使极刚利，向石山舂凿成孔。其身破竹缠绳，夹悬此锥。每舂深入数尺，则又以竹接其身，使引而长。初入丈许，或以足踏碓梢，如舂米形。太深则用手捧持顿下。所舂石成碎粉，随以长竹接引，悬铁盏挖之而上。大抵深者半载，浅者月余，乃得一井成就。

盖井中空阔，则卤气游散，不克结盐故也。井及泉后，择美竹长丈者，凿净其中节，留底不去。其喉下安消息，吸水入筒，用长系竹沉下，其中水满。井上悬桔槔、辘轳诸具，制盘驾牛。牛拽盘转，辘轳绞，汲水而上。入于釜中煎炼只用中釜，不用牢盆，顷刻结盐，色成至白。

西川有火井，事奇甚。其井居然冷水，绝无火气。但以长竹剖开去节，合缝漆布，一头插入井底。其上曲接，以口紧对釜脐，注卤水釜中，只见火意烘烘，水即滚沸。启竹而视之，绝无半点焦炎意。未见火形而用火神，此世间大奇事也。凡川、滇盐井逃课掩盖至易，不可穷诘。

5-5　末盐、崖盐

凡地碱煎盐，除并州末盐外，长芦分司地土人亦有刮削煎成者，带杂黑色，味不甚佳。凡西省阶、凤等州邑，海、井[盐]交穷。其岩穴自生盐，色如红土，恣人刮取，不假煎炼。

甘嗜　第六

宋子曰，气至于芳，色至于艶，味至于甘，人之大欲存焉。芳而烈，艶而艳，甘而甜，则造物有尤异之思矣。世间作甘之味，十八产于草木，而飞虫竭力争衡，采取百花酿成佳味，使草木无全功。孰主张是，而颐养遍于天下哉？

6-1　蔗种

凡甘蔗有二种，产繁闽、广间，他方合并得其十一而已。似竹而大者为果蔗，截断生啖，取汁适口，不可以造糖。似荻而小者为糖蔗，口啖即棘伤唇舌,人不敢食,白霜、红砂皆从此出。凡蔗古来中国不知造糖,唐大历间西僧邹和尚游蜀中遂宁始传其法。今蜀中种盛,亦自西域渐来也。

凡种荻蔗,冬初霜将至,将蔗砍伐,去杪与根,埋藏土内土忌洼聚水湿处。雨水前五、六日,天色晴明即开出,去外壳,砍断约五、六寸长,以两节为率。密布地上,微以土掩之,头尾相枕,若鱼鳞然。两芽平放,不得一上一下,致芽向土难发。芽长一、二寸,频以清粪水浇之。俟长六、七寸,锄起分栽。

凡栽蔗必用夹沙土,河滨洲土为第一。试验土色,掘坑尺五许,将沙土入口尝味,味苦者不可栽蔗。凡洲土近深山上流河滨者,即土味甘亦不可种。盖山气凝寒,则他日糖味亦焦苦。去山四、五十里,平阳洲土择佳而为之黄泥脚地,毫不可为。

凡栽蔗治畦,行阔四尺,犁沟深四寸。蔗栽沟内,约七尺列三丛,掩土寸许,土太厚则芽发稀少也。芽发三、四个或五、六个时,渐渐下土,遇锄耨时加之。加土渐厚,则身长根深,蔗免欹倒之患。凡锄耨不厌勤过,浇粪多少视土地肥硗。长至一、二尺,则将胡麻或芸苔枯[饼]浸和水灌,灌肥欲施行内。高二、三尺,则用牛进行内耕之。半月一耕,用犁一次垦土断旁根,一次掩土培根。九月初培土护根,以防砍后霜雪。

6-2 蔗品

凡荻蔗造糖,有凝冰、白霜、红砂三品。糖品之分,分于蔗浆之老嫩。凡蔗性至秋渐转红黑色,冬至以后由红转褐,以成至白。五岭以南无霜国土,蓄蔗不伐,以取糖霜。若韶、雄以北,十月霜侵,蔗质遇霜即杀,其身不能久待以成白色,故速伐以取红糖也。凡取红糖,穷十日之力而为之。十日以前,其浆尚未满足。十日以后遇霜气逼侵,前功尽弃。故种蔗十亩之家,限制车、釜一副以供急用。若广南无霜,迟早惟人也。

6-3 造[红]糖

凡造糖车,制用横板二片,长五尺,厚五寸,阔二尺,两头凿眼安柱。上笋出少许，下笋出板二、三尺，埋筑土内，使安稳不摇。上板中凿二眼，并列巨轴两根木用至坚重者，轴木大七尺围方妙。两轴一长三尺，一长四尺五寸，其长者出笋安犁担。担用屈木，长一丈五尺，以便驾牛团转走。轴上凿齿，分配雌雄，其合缝处须直而圆，圆而缝合。夹蔗于中，一轧而过，与棉花赶车同义。

蔗过浆流，再拾其滓，向轴上鸭嘴扱入，再轧而三轧之，其汁尽矣，其滓为薪。其下板承轴，凿眼只深一寸五分，使轴脚不穿透，以便板上受汁也。其轴脚嵌安铁锭于中，以便捩转。凡汁浆流板有槽枧，汁入于缸内。每汁一石下石灰五合于中。凡取汁煎糖，并列三锅如“品”字，先将稠汁聚入一锅，然后逐加稀汁两锅之内。若火力少束薪，其糖即成顽糖，起沫不中用。

6-4　造白糖

凡闽、广南方经冬老蔗，用车同前法。榨汁入缸，看水花为火色。其花煎至细嫩，如煮羹沸，以手捻试，粘手则信来矣。此时尚黄黑色，将桶盛贮，凝成黑沙。然后以瓦溜教陶家烧造置缸上。其溜上宽下尖，底有一小孔，将草塞住，倾桶中黑沙于内。待黑沙结定，然后去孔中塞草，用黄泥水淋下。其中黑滓入缸内，溜内尽成白霜。最上一层厚五寸许，洁白异常，名曰西洋糖西洋糖绝白美，故名。下者稍黄褐。

造冰糖者，将白糖煎化，蛋青澄去浮滓，候视火色。将新青竹破成篾片，寸斩撒入其中。经过一宵，即成天然冰块。造狮、象、人物等，质料精粗由人。凡冰糖有五品，“石山”为上，“团枝”次之，“瓮鉴”次之，“小颗”又次，“沙脚”为下。

6-5　造兽糖

凡造兽糖者，每巨釜一口受糖五十斤，其下发火慢煎。火从一角烧灼，则糖头滚旋而起。若釜心发火，则尽尽沸溢于地。每釜用鸡子三个，去黄取青，入冷水五升化解。逐匙滴下用火糖头之上，则浮沤、黑滓尽起水面，以笊篱捞去，其糖清白之甚。然后打入铜铫，下用自风慢火温之，看定火色然后入模。凡狮、象糖模，两合如瓦为之。杓泻糖入，随手覆转倾下。模冷糖烧，自有糖一膜靠模凝结，名曰享糖，华筵用之。

6-6 蜂蜜

凡酿蜜蜂普天皆有，唯蔗盛之乡则蜜蜂自然减少。蜂造之蜜，出山岩、土穴者十居其八，而人家招蜂造酿而割取者，十居其二也。凡蜜无定色，或青或白，或黄或褐，皆随方土、花性而变。如菜花蜜、禾花蜜之类，千百其名不止也。凡蜂不论于家于野，皆有蜂王。王之所居造一台如桃大，王之子世为王。王生而不采花，每日群蜂轮值分班采花供王。王每日出游两度春秋造蜜时，游则八蜂轮值以待。蜂王自至孔隙口，四蜂以头顶[其]腹，四蜂傍翼，飞翔而去。游数刻而返，翼顶如前。

畜家蜂者或悬桶檐端，或置箱牖下。皆锥圆孔眼数十，俟其进入。凡家人杀一蜂、二蜂皆无恙，杀至三蜂则群起而螫之，谓之蜂反。凡蝙蝠最喜食蜂，投隙入中，吞噬无限。杀一蝙蝠悬于蜂前，则不敢食，俗谓之“枭令”。凡家畜蜂，东邻分而之西舍，必分王之子而去为君，去时如铺扇拥卫。乡人有撒酒糟香而招之者。

凡蜂酿蜜，造成蜜脾，其形鬣鬣然。咀嚼花心汁吐积而成，润以人小遗，则甘芳并至，所谓“臭腐[生]神奇”也。凡割脾取蜜，蜂子多死其中，其底则为黄蜡。凡深山崖石上有经数载未割者，其蜜已经时自熟，土人以长竿刺取，蜜即流下。或未经年而扳缘可取者，割炼与家蜜同也。土穴所酿多出北方，南方卑湿，有崖蜜而无穴蜜。凡蜜脾一斤炼取十二两[蜜]。西北半天下，盖与蔗浆分胜云。

6-7 饴 饧

凡饴饧，稻、麦、黍、粟皆可为之。《洪范》云：“稼穑作甘。”及此乃穷其理。其法用稻、麦之类浸湿，生芽暴干，然后煎炼调化而成。色以白者为上。赤色者名曰胶饴，一时宫中尚之，含于口内即溶化，形如琥珀。南方造饼饵者谓饴饧为小糖，盖对蔗浆而得名也。饴饧人巧千方以供甘旨，不可枚述。惟尚方用者名“一窝丝”，或流传后代，不可知也。

中　卷

膏液　第七

宋子曰，天道平分昼夜，而人工继晷以囊事，岂好劳而恶逸哉？使织女燃薪、书生映雪，所济成何事也？草木之实，其中蕴藏膏液，而不能自流。假媒水火，凭借木石，而后倾注而出焉。此人巧聪明，不知于何廪度也。人间负重致远，恃有舟车。乃车得一铢而辖转，舟得一石而罅完，非此物之功也不可行矣。至菹蔬之登釜也，莫或膏之，犹啼儿之失乳焉。斯其功用一端而已哉。

7-1　油品

凡油供馔食用者，胡麻一名脂麻、莱菔子、黄豆、菘菜子一名白菜为上。苏麻形似紫苏，粒大于胡麻、芸苔子江南名菜子次之，子其树高丈余，子如金樱子，去肉取仁次之，苋菜子次之，大麻仁粒如胡荽子，剥取其皮，为索用者为下。

燃灯则桕仁内水油为上，芸苔次之，亚麻子陕西所种，俗名壁虱脂麻，气恶不堪食次之，棉花子次之，胡麻次之燃灯最易竭，桐油与桕混油为下桐油毒气熏人，桕油连皮膜则冻结不清。造烛则桕皮油为上，蓖麻子次之，桕混油每斤入白蜡冻结次之，白蜡结冻诸清油又次之，樟树子油又次之其光不减，但有避香气者，冬青子油又次之韶郡专用，嫌其油少，故列次。北土广用牛油，则为下矣。

凡胡麻与蓖麻子、樟树子，每石得油四十斤。莱菔子每石得油二十七斤甘美异常，益人五脏。芸苔子每石得油三十斤，其耨勤而地沃、榨法精到者，仍得四十斤陈历一年，则空内而无油。子每石得油一十五斤油味似猪脂，甚美，其枯则止可种火及毒鱼用。桐子仁每石得油三十三斤。柏子分打时，皮油得二十斤、水油得十五斤。混打时共得三十三斤此须绝净者。冬青子每石得油十二斤。黄豆每石得油九斤吴下取油食后，以其饼充豕粮。菘菜子每石得油三十斤油出清如绿水。棉花子每百斤得油七斤初出甚黑浊，澄半月清甚。苋菜子每石得油三十斤味甚甘美，嫌性冷滑。亚麻、大麻仁每石得油二十余斤。此其大端，其他未穷究试验，与夫一方已试而他方未知者，尚有待云。

7-2 法具

凡取油，榨法而外，有两镬煮取法以治蓖麻与苏麻。北京有磨法、朝鲜有舂法，以治胡麻。其余则皆从榨出也。凡榨，木巨者围必合抱，而中空之。其木樟为上，檀、杞次之杞木为者防地湿，则速朽。此三木者脉理循环结长，非有纵直纹。故竭力挥椎，实尖其中，而两头无璺拆之患。他木有纵文者不可为也。中土江北少合抱木者，则取四根合并为之，铁箍裹定，横栓串合而空其中，以受诸质。则散木有完木之用也。

凡开榨空中，其量随木大小，大者受十石有余，小者受五斗不足。凡开榨辟中凿划平槽一条，以宛凿入中，削圆上下，下沿凿一小孔，一小槽，使油出之时流入承藉器中。其平槽约长三、四尺，阔三、四寸，视其身而为之，无定式也。实槽尖与枋唯檀木、柞子木两者宜为之，他木无望焉。其尖过斤斧而不过刨，盖欲其涩，不欲其滑，惧报转也。撞木与受撞之尖，皆以铁圈裹首，惧披散也。

榨具已整理，则取诸麻、菜子入釜，文火慢炒凡柏、桐之类属树木生者，皆不炒而碾蒸，透出香气然后碾碎受蒸。凡炒诸麻、菜子，宜铸平底锅，深止六寸者，投子仁于内，翻拌最勤。若釜太深，翻拌疏慢，则火候交伤，减丧油质。炒锅亦斜安灶上，与蒸锅大异。凡碾埋槽土内木为者以铁片掩之，其上以木杆衔铁陀，两人对举而推之。资本广者则砌石为牛碾，一牛之力可敌十人。亦有不受碾而受磨者，则棉子之类是也。既碾而筛，择粗者再碾，细者则入釜甑受蒸。蒸气腾足取出，以稻秸与麦秸包裹如饼形，其饼外圈箍或用铁打成，或破篾绞刺而成，与榨中则寸相吻合。

凡油原因气取，有生于无。出甑之时包裹怠慢，则水火郁蒸之气游走，为此损油。能者疾倾、疾裹而疾箍之，得油之多，诀由于此。榨工有自少至老而不知者。包裹既定，装入榨中，随其量满，挥撞挤轧，而流泉出焉矣。包内油出滓存，名曰枯饼。凡胡麻、莱菔、芸苔诸饼，皆重新碾碎，筛去秸芒，再蒸、再裹而再榨之。初次得油二分，二次得油一分。若柏、桐诸物，则一榨已尽流出，不必再也。

若水煮法，则并用两釜。将蓖麻、苏麻子碾碎，入一釜中注水滚煎，其上浮沫即油。以杓掠取，倾于干釜内，其下慢火熬干水气，油即成矣。然得油之数毕竟减杀。北磨麻油法，以粗麻布袋捩绞，其法再详。

7－3　皮油

凡皮油造烛，法起广信郡。其法取洁净柏子，囫囵入釜甑蒸，蒸后倾于臼内受舂。其臼深约尺五寸，碓以石为身，不用铁嘴。石取深山结而腻者，轻重斫成限四十斤，上嵌横木之上而舂之。其皮膜上油尽脱骨而纷落，挖起，筛于盘内，再蒸，包裹、入榨皆同前法。皮油已落尽，其骨为黑子。用冷腻小石磨不惧火煅者此磨亦从信郡深山觅取，以红火矢围壅煅热，将黑子逐把灌入疾磨。磨破之时，风扇去其黑壳，则其内完全白仁，与梧桐子无异。将此碾、蒸，包裹、入榨与前法同。榨出水油清亮无比，贮小盏之中，独根心草燃至天明，盖诸清油所不及者。入食馔即不伤人，恐有忌者宁不用耳。

其皮油造烛，截苦竹筒两破，水中煮涨不然则粘带，小篾箍勒定，用鹰嘴铁杓挽油灌入，即成一枝。插心于内，顷刻冻结，捋箍开筒而取之。或削棍为模，裁纸一方，卷于其上而成纸筒，灌入亦成一烛。此烛任置风尘中，再经寒暑，不敝坏也。

五金 第八

宋子曰,人有十等,自王、公至于舆、台,缺一焉而人纪不立矣。大地生五金以利天下与后世,其义亦犹是也。贵者千里一生,促亦五、六百里而生。贱者舟车稍艰之国,其土必广生焉。黄金美者,其值去黑铁一万六千倍,然使釜鬵、斤斧不呈效于日用之间,即得黄金,值高而无民耳。贸迁有无,货居《周官》泉府,万物司命系焉。其分别美恶而指点重轻,孰开其先,而使相须于不朽焉?

8-1 黄金

凡黄金为五金之长,熔化成形之后,住世永无变更。白银入洪炉虽无折耗,但火候足时,鼓鞲而金花闪烁,一现即没,再鼓则沉而不现。惟黄金则竭力鼓鞲,一扇一花,愈烈愈现,其质所以贵也。凡中国产金之区大约百余处,难以枚举。山石中所出,大者名马蹄金,中者名橄榄金、带胯金,小者名瓜子金。水沙中所出,大者名狗头金,小者名麸麦金、糠金。平地掘井得者名面沙金,大者名豆粒金。皆待先淘洗后、冶炼而成颗块。

金多出西南,取者穴山至十余丈见伴金石,即可见金。其石褐色,一头如火烧黑状。水金多者出云南金沙江古名丽水,此水源出吐蕃,绕流丽江府,至于北胜州,回环五百余里,出金者有数截。又川中潼川等州邑与湖广沅陵、溆浦等,皆于江沙水中淘沃取金。千百中间有获狗头金一块者,名曰金母,其余皆麸麦形。

入冶煎炼,初出色浅黄,再炼而后转赤也。儋、崖有金田,金杂沙土之中,不必求深而得。取太频则不复产,经年淘、炼,若有则限。然岭南夷獠洞穴中,金初出如黑铁落,深挖数丈得之黑焦石下。初得时咬之柔软,夫匠有吞窃腹中者,亦不伤人。河南蔡、巩等州邑,江西乐平、新建等邑,皆平地掘深井取细沙淘炼成,但酬答人功,所获亦无几耳。大抵赤县之内,隔千里而一生。《岭表录[异]》云，居民有从鹅鸭屎中淘出片屑者，或日得一两，或空无所获。此恐妄记也。

凡金质至重。每铜方寸重一两者，银照依其则，[方]寸增重三钱。银方寸重一两者，金照依其则，[方]寸增重二钱。凡金性又柔，可屈折如柳枝。其高下色分七青、八黄、九紫、十赤。登试金石此石广信郡河中甚多，大者如斗，小者如拳。入鹅汤中一煮，光黑如漆上立见分明。凡足色金参和伪售者，唯银可入，余物无望焉。欲去银存金，则将其金打成薄片剪碎。每块以土泥裹涂，入坩埚中硼砂熔化，其银即吸入土内，让金流出以成足色。然后入铅少许，另入坩埚中，勾出土内银，亦毫厘具在也。

凡色至于金，为人间华美贵重，故人工成箔而后施之。凡金箔每金七分造方寸金一千片，粘补物面可盖纵横三尺。凡造金箔，既成薄片后，包入乌金纸内，竭力挥椎打成打金椎短柄，约重八斤。凡乌金纸由苏、杭造成，其纸用东海巨竹膜为质。用豆油点灯，闭塞周围，只留针孔通气，熏染烟光而成此纸。每纸一张打金箔五十度，然后弃去，为药铺包朱用，尚未破损。盖人巧造成异物也。

凡纸内打成箔后，先用硝熟猫皮绷急为小方板。又铺线香灰撒墁皮上，取出乌金纸内箔覆于其上，钝刀界画成方寸。口中屏息，手执轻杖，唾湿而挑起，夹于小纸之中。以之华物，先以熟漆布地，然后粘贴贴字者多用楮树浆。秦中造皮金者，硝扩羊皮使最薄，贴金其上，以便剪裁服饰用，皆煌煌至色存焉。凡金箔粘物，他日敝弃之时，削刮火化，其金仍藏灰内。滴清油数点，伴落聚底，淘洗入炉，毫厘无恙。

凡假借金色者，杭扇以银箔为质，红花子油刷盖，向火熏成。广南货物以蝉蜕壳调水描画，向火一微炙而就，非真金色也。其金成器物，呈分浅淡者，以黄矾涂染，炭木乍炙，即成赤宝色。然风尘逐渐淡去，见火又即还原耳。黄矾详《燔石》卷。

8-2　银　　附：朱砂银

凡银中国所出，浙江、福建旧有坑场，国初或采或闭。江西饶、信、瑞三郡有坑从未开。湖广则出辰州，贵州则出铜仁，河南则宜阳赵保山、永宁秋树坡、卢氏高咀儿、嵩县马槽山，与四川会川密勒山、甘肃大黄山等，皆称美矿。其他难以枚举。然生气有限。每逢开采，数不足则括派以赔偿。法不严则窃争而酿乱，故禁戒不得不苛。燕、齐诸道则地气寒而石骨薄，不产金银。然合八省所生，不敌云南之半，故开矿、煎银唯滇中可永行也。

凡云南银矿，楚雄、永昌、大理为最盛，曲靖、姚安次之，镇沅又次之。凡石山洞中有矿砂，其上现磊然小石，微带褐色者，分丫成径路。采者穴土十丈或二十丈，工程不可日月计。寻见土内银苗，然后得礁砂所在。凡礁砂藏深土，如枝分派别。各人随苗分径横挖而寻之。上楮横板架顶以防崩压。采工篝灯逐径施镢，得矿方止。凡土内银苗或有黄色碎石，或土隙石缝有乱丝形状，此即去矿不远矣。

凡成银者曰礁，至碎者曰砂，其面分丫若枝形者曰矿，其外包环石块曰矿。矿石大者如斗，小者如拳，为弃置无用物。其礁砂形如煤炭，底衬石而不甚黑。其高下有数等商民凿穴得砂，先呈官府验辨，然后定税。出土以斗量，付与冶工。高者六、七两一斗，中者三、四两，最下一、二两其礁砂放光甚者，精华泄露，得银偏少。

凡礁砂入炉，先行拣净淘洗。其炉土筑巨墩，高五尺许，底铺瓷屑、炭灰。每炉受礁砂二石，用栗木炭二百斤周遭丛架。靠炉砌砖墙一朵，高阔皆丈余。风箱安置墙背，合两三人力带拽透管通风。用墙以抵炎热，鼓鞴之人方克安身。炭尽之时，以长铁叉添入。风火力到，礁砂熔化成团。此时银隐铅中，尚未出脱。计礁砂二石熔出团约重百斤。

冷定取出，另入分金炉一名虾蟆炉内，用松木炭匝围，透一门以辨火色。其炉或施风箱，或使交箑。火热功到，铅沉下为底子其底已成陀僧样，别入炉炼，又成扁担铅。频以柳枝从门隙入内燃照，铅气净尽，则世宝凝然成象矣。此初出银亦名生银。倾定无丝纹，即再炼一火，当中止现一点圆星，滇人名曰茶经。逮后入铜少许，重以铅力熔化，然后入槽成丝丝必倾槽而现，以四周匡住，宝气不横溢走散。其楚雄所出又异，彼铜砂铅气甚少，向诸郡购铅佐炼。每礁百斤先坐铅二百斤于炉内，然后煽炼成团。其再入虾蟆炉沉铅结银，则同法也。此世宝所生，更无别出。方书、本草无端妄想、妄注，可厌之甚。

大抵坤元精气，出金之所三百里无银，出银之所三百里无金。造物之情亦大可见。其贱役扫刷泥尘，入水漂淘而煎者，名曰淘厘锱。一日功劳，轻者可获三分，重者倍之。其银俱日用剪、斧口中委余，或鞋底粘带布于衢市。或院宇扫屑弃于河沿，其中必有焉，非浅浮土面能生此物也。

凡银为世用，唯红铜与铅两物可杂入成伪。然当其合琐碎而成钣锭，去疵伪而造精纯。高炉火中，坩埚足炼，撒硝少许，而铜、铅尽滞埚底，名曰银锈。其灰池中敲落者名曰炉底。将锈与底同入分金炉内，填火土甑之中，其铅先化，就低溢流，而铜与粘带余银用铁条逼就分拨，井然不紊。人工、天工亦见一斑云。炉式并具于左。

朱砂银：凡虚伪方士以炉火惑人者，唯朱砂银[令]愚人易惑。其法以投铅、朱砂与白银等分，入罐封固，温养三七日后，砂盗银气，煎成至宝。拣出其银，形存神丧，块然枯物。入铅煎时，逐火轻折，再经数火，毫忽无存。折去砂价、炭资，愚者贪惑犹不解，并记于此。

8-3　铜

凡铜供世用，出山与出炉止有赤铜。以炉甘石或倭铅参和，转色为黄铜。以砒霜等药制炼为白铜。矾、硝等药制炼为青铜。广锡参和为响铜，倭铅和泻为铸铜。初质则一味红铜而已。

凡铜坑所在有之。《山海经》言，出铜之山四百六十七，或有所考据也。今中国供用者，西自四川、贵州为最盛。东南间自海舶来，湖广武昌、江西广信皆饶洞穴。其衡、瑞等郡出最下品，曰蒙山铜者，或入冶铸混入，不堪升炼成坚质也。

凡出铜山夹土带石，穴凿数丈得之，仍有矿包其外，矿状如姜石而有铜星，亦名铜璞，煎炼仍有铜流出，不似银矿之为弃物。凡铜砂在矿内形状不一，或大或小，或光或暗，或如鍮石，或如姜铁。淘洗去土滓，然后入炉煎炼，其熏蒸旁溢者为自然铜，亦曰石髓铅。

凡铜质有数种，有全体皆铜，不夹铅、银者，洪炉单炼而成。有与铅共体者，其煎炼炉法，旁通高、低二孔，铅质先化从上孔流出，铜质后化从下孔流出。东夷铜有托体银矿内者，入炉煎炼时，银结于面，铜沉于下。商舶漂入中国，名曰日本铜，其形为方长板条。漳郡人得之，有以炉再炼，取出零银，然后泻成薄饼，如川铜一样货卖者。

凡红铜升黄色为锤锻用者，用自风煤炭此煤碎如粉，泥糊作饼，不用鼓风，通红则自昼达夜。江西则产袁郡及新喻邑百斤，灼于炉内。以泥瓦罐载铜十斤，继入炉甘石六斤，坐于炉内，自然熔化。后人因炉甘石烟洪飞损，改用倭铅。每红铜六斤，入倭铅四斤，先后入罐熔化。冷定取出，即成黄铜，唯人打造。

凡用铜造响器，用出山广锡无铅气者入内。钲今名锣、镯今名铜鼓之类，皆红铜八斤，入广锡二斤。铙、钹，铜与锡更加精炼。凡铸器，低者红铜、倭铅均平分两，甚至铅六铜四。高者名三火黄铜、四火熟铜，则铜七而铅三也。

凡造低伪银者，唯本色红铜可入。一受倭铅、砒、矾等气，则永不和合。然铜入银内，使白质顿成红色，洪炉再鼓，则清浊浮沉立分，至于净尽云。

8-4 附：倭铅

凡倭铅古书本无之，乃近世所立名色。其质用炉甘石熬炼而成，繁产山西太行山一带，而荆、衡为次之。每炉甘石十斤装载入一泥罐内，封裹泥固，以渐砑干，勿使见火拆裂。然后逐层用煤炭饼垫盛，其底铺薪，发火煅红。罐中炉甘石熔化成团，冷定毁罐取出，每十耗去其二，即倭铅也。此物无铜收伏，入火即成烟飞去。以其似铅而性猛，故名之曰倭[铅]云。

8-5 铁

凡铁场所在有之，其质浅浮土面，不生深穴。繁生平阳岗埠，不生峻岭高山。质有土锭、碎砂数种。凡土锭铁，土面浮出黑块，形似秤锤。遥望宛然如铁，拈之则碎土。若起冶煎炼，浮者拾之，又乘雨湿之后牛耕起土，拾其数寸土内者。耕垦之后，其块逐日生长，愈用不穷。西北甘肃、东南泉郡皆锭铁之薮也。燕京、遵化与山西平阳则皆砂铁之薮也。凡砂铁，一抛土膜即现其形，取来淘洗。入炉煎炼，熔化之后与锭铁无二也。

凡铁分生、熟，出炉未炒则生，既炒则熟。生、熟相合，炼成则钢。凡铁炉用盐做造，和泥砌成。其炉多傍山穴为之，或用巨木匡围，塑造盐泥，穷月之力不容造次。盐泥有罅，尽弃全功。凡铁一炉载土二千余斤，或用硬木柴，或用煤炭，或用木炭，南北各从利便。扇炉风箱必用四人、六人带拽。土化成铁之后，从炉腰孔流出。炉孔先用泥塞。每旦昼六时，一时出铁一陀。既出即又泥塞，鼓风再熔。

凡造生铁为冶铸用者，就此流成长条、圆块，范内取用。若造熟铁，则生铁流出时相连数尺内、低下数寸筑一方塘，短墙抵之。其铁流入塘内，数人执持柳木棍排立墙上。先以污潮泥晒干，舂筛细罗如面，一人疾手撒掞，众人柳棍疾搅，即时炒成熟铁。其柳棍每炒一次，烧折二、三寸，再用则又更之。炒过稍冷之时，或有就塘内斩划成方块者，或有提出挥椎打圆后货者。若浏阳诸冶，不知出此也。

凡钢铁炼法，用熟铁打成薄片如指头阔，长寸半许。以铁片束包夹紧，生铁安置其上广南铁名堕子生铁者，妙甚，又用破草履粘带泥土者，故不速化盖其上，泥涂其底下。洪炉鼓鞴，火力到时生铁先化，渗淋熟铁之中，两情投合。取出加锤，再炼再锤，不一而足。俗名团钢，亦曰灌钢者是也。

其倭夷刀剑有百炼精纯，置日光檐下则满室辉曜者。不用生、熟相合炼，又名此钢为下乘云。夷人又有以地溲地溲乃石脑油之类，不产中国淬刀剑者，云钢可切玉，亦未之见也。凡铁内有硬处不可打者，名铁核。以香油涂之即散。凡产铁之阴，其阳出慈石，第有数处不尽然也。

8-6 锡

凡锡，中国偏出西南郡邑，东北寡生。古书名锡为“贺”者，以临贺郡产锡最盛而得名也。今衣被天下者，独广西南丹、河池二州居其十八，衡、永则次之。大理、楚雄即产锡甚盛，道远难致也。

凡锡有山锡、水锡两种，山锡中又有锡瓜、锡砂两种。锡瓜块大如小瓠，锡砂如豆粒，皆穴土不甚深而得之，间或土中生脉充，致山土自颓，恣人拾取者。水锡衡、永出溪中，广西则出南丹州河内。其质黑色，粉碎如重罗面。南丹河出者，居民旬前从南淘至北，旬后又从北淘至南。愈经淘取，其砂日长，百年不竭。但一日功劳，淘取煎炼，不过一斤。会计炉炭资本，所获不多也。南丹山锡出山之阴，其方无水淘洗，则接连百竹为枧，从山阳枧水淘洗土滓，然后入炉。

凡煎炼亦用洪炉，入砂数百斤，丛架木炭亦数百斤，鼓鞴熔化。火力已到，砂不即熔，用铅少许勾引，方始沛然流注。或有用人家炒锡剩灰勾引者，其炉底炭末、瓷灰铺作平池，旁安铁管小槽道，熔时流出炉外低池。其质初出洁白，然过刚，承锤即拆裂。入铅制柔，方充造器用。售者杂铅太多，欲取净则熔化，入醋淬八、九度，铅尽化灰而去。出锡唯此道。方书云马齿苋取草锡者，妄言也。谓砒为锡苗者，亦妄言也。

8-7 铅　附：胡粉、黄丹

凡产铅山穴，繁于铜、锡。其质有三种，一出银矿中，包孕白银，初炼和银成团，再炼脱银沉底，曰银矿铅，此铅云南为盛。一出铜矿中，入洪炉炼化，铅先出，铜后随，曰铜山铅，此铅贵州为盛。一出单生铅穴，取者穴山石，挟油灯寻脉，曲折如采银矿。取出淘洗、煎炼，名曰草节铅，此铅蜀中嘉、利等州为盛。其余雅州出钓脚铅，形如皂荚子，又如蝌蚪子，生山涧沙中。广信郡上饶、饶郡乐平出杂铜铅，剑州出阴平铅，难以枚举。

凡银矿中铅，炼铅成底，炼底复成铅。草节铅单入洪炉煎炼，炉旁通管，注入长条土槽内，俗名扁担铅，亦曰出山铅，所以别于凡银炉内频经煎炼者。凡铅物值虽贱，变化殊奇。白粉、黄丹皆其显象。操银底于精纯，勾锡成其柔软，皆铅力也。

胡粉：凡造胡粉，每铅百斤，熔化，削成薄片，卷作筒，安水甑内。甑下、甑中各安醋一瓶，外以盐泥固济，纸糊甑缝。安火四两，养之七日。期足启开。铅片皆生霜粉，扫入水缸内。未生霜者入甑依旧再养七日，再扫，以质尽为度。其不尽者留作黄丹料。

每扫下霜一斤，入豆粉二两、蛤粉四两，缸内搅匀，澄去清水。用细灰按成沟，纸隔数层，置粉于上。将干，截成瓦形，或如磊块，待干收货。此物古因辰、韶诸郡专造，故曰韶粉俗误朝粉。今则各省直饶为之矣。其质入丹青，则白不减。擦妇人颊能使本色转青。胡粉投入炭炉中，仍还熔化为铅。所谓色尽归皂者。

黄丹：凡炒铅丹，用铅一斤、土硫黄十两、硝石一两。熔铅成汁，下醋点之。滚沸时下硫一块，少顷入硝少许，沸定再点醋，依前渐下硝、黄。待为末，则成丹矣。其胡粉残剩者，用硝石、矾石炒成[黄]丹，不复用醋也。欲丹还铅，用葱白汁拌黄丹慢炒，金汁出时，倾出即还铅矣。

冶铸　第九

宋子曰，首山之采，肇自轩辕，源流远矣哉。九牧贡金，用襄禹鼎。从此火金功用日异而月新矣。夫金之生也，以土为母。及其成形而效用于世也，母模子肖，亦犹是焉。精粗巨细之间，但见钝者司舂，利者司垦，薄其身以媒合水火而百姓繁。虚其腹以振荡空灵而八音起，愿者肖仙梵之身，而尘凡有至象。巧者夺上清之魄，而海寓遍流泉。即屈指唱筹，岂能悉数，要之人力不至于此。

9-1　鼎

凡铸鼎唐虞以前不可考。唯禹铸九鼎，则因九州贡赋壤则已成，入贡方物岁例已定，疏浚河道已通，《禹贡》业已成书。恐后世人君增赋重敛，后代侯国冒贡奇淫，后日治水之人不由其道，故铸之于鼎。不如书籍之易去，使有所遵守、不可移易,此九鼎所为铸也。

年代久远,末学寡闻,如珠、鱼、狐狸、织皮之类,皆其刻画于鼎上者,或漫灭改形亦未可知,陋者遂以为怪物。故《春秋传》有使知神奸、不逢魑魅之说也。此鼎入秦始亡,而春秋时郜大鼎、莒二方鼎,皆其列国自造,即有刻画,必失《禹贡》初旨。此但存名为古物,后世图籍繁多,百倍上古,亦不复铸鼎,特并志之。

9-2 钟

凡钟为金乐之首,其声一宣,大者闻十里,小者亦及里之余。故君视朝、官出署必用以集众,而乡饮酒礼必用以和歌。梵宫仙殿必用以明挥谒者之诚,幽起鬼神之敬。凡铸钟高者铜质,下者铁质。今北极朝钟则纯用响铜,每口共费铜四万七千斤、锡四千斤、金五十两、银一百二十两于内。成器亦重二万斤,身高一丈一尺五寸,双龙蒲牢高二尺七寸,口径八尺,则今朝钟之制也。

凡造万钧钟,与铸鼎法同。掘坑深丈几尺,燥筑其中如房舍,埏泥作模骨。其模骨用石灰、三和土筑,不使有丝毫隙拆。干燥之后以牛油、黄蜡附其上数寸。油蜡分两,油居十八,蜡居十二。其上高蔽抵晴雨,夏月不可为,油不冻结。油蜡墁定,然后雕镂书文、物象,丝发成就。然后舂筛绝细土与炭末为泥,涂墁以渐而加厚至数寸。使其内外透体干坚,外施火力炙化其中油蜡,从口上孔隙熔流净尽,则其中空处即钟鼎托体之区也。

凡油蜡一斤虚位,填铜十斤。塑油时尽油十斤,则备铜百斤以俟之。中既空净,则议熔铜。凡火铜至万钧,非手足所能驱使。四面筑炉,四面泥作槽道,其道上口承接炉中,下口斜低以就钟鼎入铜孔,槽旁一齐红炭炽围。洪炉熔化时,决开槽梗,先泥土为梗塞住,一齐如水横流,从槽道中枧注而下,钟鼎成矣。凡万钧铁钟与炉、釜,其法皆同,而塑法则由人省啬也。

若千斤以内者则不须如此劳费,但多捏十数锅炉。炉形如箕,铁条作骨,附泥做就。其下先以铁片圈筒直透作两孔,以受杠穿。其炉垫于土墩之上，各炉一齐鼓鞴熔化，化后以两杠穿炉下，轻者两人，重者数人抬起，倾注模底孔中。甲炉既倾，乙炉疾继之，丙炉又疾继之，其中自然黏合。若相承迂缓，则先入之质欲冻，后者不粘，衅所由生也。

凡铁钟模不重费油蜡者，先埏土作外模，剖破两边形或为两截，以子口串合，翻刻书文于其上。内模缩小分寸，空其中体，精算而就。外模刻文后，以牛油滑之，使他日器无粘烂。然后盖上，混合其缝而受铸焉。巨磬、云板，法皆仿此。

9－3　釜

凡釜储水受火，日用司命系焉。铸用生铁或废铸铁器为质。大小无定式，常用者径口二尺为率，厚约二分。小者径口半之，厚薄不减。其模内外为两层，先塑其内，俟久日干燥，合釜形分寸于上，然后塑外层盖模。此塑匠最精，差之毫厘则无用。

模既成就干燥，然后泥捏冶炉，其中如釜，受生铁于中。其炉背透管通风，炉面捏嘴出铁。一炉所化约十釜、二十釜之料。铁化如水，以泥固纯铁柄勺从嘴受注。一勺约一釜之料，倾注模底孔内，不俟冷定即揭开盖模，看视罅绽未周之处。此时釜身尚通红未黑，有不到处即浇少许于上补完，打湿草片按平，若无痕迹。

凡生铁初铸釜，补绽者甚多，唯废破釜铁熔铸，则无复隙漏。朝鲜国俗破釜必弃之山中，不以还炉。凡釜既成后，试法以轻杖敲之。响声如木者佳，声有差响，则铁质未熟之故，他日易为损坏。海内丛林大处，铸有千僧锅者，煮糜受米二石，此直痴物云。

9－4　像、炮、镜

像：凡铸仙佛铜像，塑法与朝钟同。但钟鼎不可接，而像则数接为之，故泻时为力甚易。但接模之法，分寸最精云。

炮：凡铸炮西洋红夷、佛郎机等用熟铜造，信炮、短提铳等用生、熟铜兼半造，襄阳、盏口、大将军、二将军等用铁造。

镜：凡铸镜模用灰沙，铜用锡和不用倭铅。《考工记》亦云："金锡相半，谓之鉴、燧之剂。"开面成光，则水银附体而成，非铜有光明如许也。唐开元宫中镜尽以白银与铜等分铸成，每口值银数两者以此故。朱砂斑点乃金银精华发现古炉有入金于内者。我朝宣炉亦缘某库偶灾，金银杂铜锡化作一团，命以铸炉真者错现金色。唐镜、宣炉皆朝廷盛世物也。

9-5 钱 附：铁钱

凡铸铜为钱以利民用。一面刊国号通宝四字，工部分司主之。凡钱通利者，以十文抵银一分值。其大钱当五、当十，其弊便于私铸，反以害民，故中外行而辄不行也。凡铸钱每十斤，红铜居六、七，倭铅京中名水锡居四、三，此等分大略。倭铅每见烈火必耗四分之一。我朝行用钱高色者，唯北京宝源局黄钱与广东高州炉青钱高州钱行盛漳、泉路，其价一文敌南直、江浙等二文。黄钱又分二等，四火铜所铸曰金背钱，二火铜所铸曰火漆钱。

凡铸钱熔铜之罐，以绝细土末打碎干土砖妙和炭末为之。京炉用牛蹄甲，未详何作用。罐料十两，土居七而炭居三，以炭灰性暖，佐土易化物也。罐长八寸，口径二寸五分。一罐约载铜、铅十斤，铜先入化，然后投[倭]铅，洪炉扇合，倾入模内。

凡铸钱模以木四条为空框木长一尺二寸，阔一寸二分。土炭末筛令极细填实框中。微洒杉木炭灰或柳木炭灰于其面上，或熏模则用松香与清油。然后以母钱百文，用锡雕成，或字或背布置其上。又用一框如前法填实合盖之。既合之后，已成面、背两框，随手覆转，则母钱尽落后框之上。又用一框填实，合上后框，如是转覆，只合十余框，然后以绳捆定。其木框上弦原留入铜眼孔，铸工用鹰嘴钳，洪炉提出熔罐。一人以别钳扶抬罐底相助，逐一倾入孔中。冷定解绳开框，则磊落百文如花果附枝。模中原印空梗，走铜如树枝样，夹出逐一摘断，以待磨锉成钱。凡钱先锉边沿，以竹木条直贯数百文受锉，后锉平面则逐一为之。

凡钱高低以[倭]铅多寡分，其厚重与薄削则昭然易见。[倭]铅贱铜贵，私铸者至对半为之。以之掷阶石上，声如木石者，此低钱也。若高钱铜九铅一，则掷地作金声矣。凡将成器废铜铸钱者，每火十耗其一。盖铅质先走，其铜色渐高，胜于新铜初化者。若琉球诸国银钱，其模即凿锲铁钳头上。银化之时入锅夹取，淬于冷水之中，即落一钱其内，图并具右。

铁钱：铁质贱甚，从古无铸钱。起于唐藩镇魏博诸地。铜货不通，始冶为之，盖斯须之计也。皇家盛时，则冶银为豆，杂伯衰时，则铸铁为钱。并志博物者感慨。

锤锻　第十

宋子曰，金木受攻而物象曲成。世无利器，即般、倕安所施其巧哉？五兵之内、六乐之中，微钳锤之奏功也，生杀之机泯然矣。同出洪炉烈火，大小殊形。重千钧者系巨舰于狂渊；轻一羽者透绣纹于章服。使冶钟铸鼎之巧，束手而让神功焉。莫邪、干将，双龙飞跃，毋其说亦有徵焉者乎？

10-1　治铁

凡治铁成器，取已炒熟铁为之。先铸铁成砧，以为受锤之地。谚云万器以钳为祖，非无稽之说也。凡出炉熟铁名曰毛铁。受锻之时，十耗其三为铁华、铁落。若已成废器未锈烂者，名曰劳铁。改造他器与本器，再经锤锻，十止耗去其一也。凡炉中炽铁用炭，煤炭居十七，木炭居十三。凡山林无煤之处，锻工先择坚硬条木烧成火墨俗名火矢，扬烧不闭穴火，其炎更烈于煤。即用煤炭，也别有铁炭一种，取其火性内攻，焰不虚腾者，与炊炭同形而分类也。

凡铁性逐节黏合，涂上黄泥于接口之上，入火挥槌，泥滓成枵而去，取其神气为媒合。胶结之后非灼红斧斩，永不可断也。凡熟铁、钢铁已经炉锤，水火未济，其质未坚。乘其出火之时入清水淬之，名曰健钢、健铁。言乎未健之时为钢为铁，弱性犹存也。凡焊铁之法，西洋诸国别有奇药。中华小焊用白铜末，大焊则竭力挥锤而强合之。历岁之久，终不可坚。故大炮西番有锻成者，中国则惟事冶铸也。

10－2 斤、斧

凡铁兵薄者为刀剑，背厚而面薄者为斧斤。刀剑绝美者以百炼钢包裹其外，其中仍用无钢铁为骨。若非钢表铁里，则劲力所施，即成折断。其次寻常刀斧，止嵌钢于其面。即重价宝刀，可斩钉截铁者，终数千遭磨砺，则钢尽而铁现也。倭国刀背阔不及二分许，架于手指之上，不复欹倒，不知用何锤法，中国未得其传。

凡健刀斧皆嵌钢、包钢，整齐而后入水淬之，其快利则又在砺石成功也。凡匠斧与椎，其中空管受柄处，皆先打冷铁为骨，名曰羊头。然后熟铁包裹，冷者不沾，自成空隙。凡攻石椎日久四面皆空，熔铁补满平填，再用无弊。

10－3 锄、、鎈、锥

锄、镈：治地生物用锄、之属，熟铁锻成，熔化生铁淋口，入水淬健即成刚劲。每锹、锄重一斤者，淋生铁三钱为率。少则不坚，多则过刚而折。

鎈：凡铁鎈纯钢为之，未健之时钢性亦软。以已健钢錾(zàn)划成纵斜纹理，划时斜向入，则纹方成焰。划后烧红，退微冷，入水健。久用乖平，入火退去健性，再用錾划。凡鎈开锯齿用茅叶鎈，后用快弦鎈。治铜钱用方长牵鎈，锁钥之类用方条鎈。治骨角用剑面鎈朱注所谓鐋。治木末用锥成圆眼，不用纵斜文者，名曰香鎈划鎈纹时，用羊角末和盐、醋先涂。

锥[钻]：凡锥熟铁锤成，不入钢和。治书篇之类用圆钻，攻皮革用扁钻。梓人转索通眼、引钉合木者用蛇头钻。其制颖上二分许，一面圆，二面剜入，旁起两棱，以便转索。治铜叶用鸡心钻。其通身三棱者名旋钻，通身四棱而末锐者名打钻。

10－4 锯、铇、凿

锯：凡锯熟铁锻成薄条，不钢，亦不淬健。出火退烧后，频加冷锤坚性，用鎈开齿。两头衔木为梁，纠篾张开，促紧使直。长者剖木，短者截木，齿最细者截竹。齿钝之时频加鎈锐而后使之。

铇：凡铇磨砺嵌钢寸铁，露刃秒忽，斜出木口之面，所以平木，古名曰“准”。巨者卧准露刃，持木抽削，名曰推铇，圆桶家使之。寻常用者横木为两翅，手执前推。梓人为细功者，有起线铇，刃阔二分许。又刮木使极光者名蜈蚣铇，一木之上衔十余小刀，如蜈蚣之足。

凿：凡凿熟铁锻成，嵌钢于口，其本空圆以受木柄。先打铁骨为模，名曰羊头，勺柄同用。斧从柄催，入木透眼。其末粗者阔寸许，细者三分而止。需圆眼者则制成剜凿为之。

10－5　锚、针

锚：凡舟行遇风难泊，则全身系命于锚。战船、海船有重千钧者。锤法先成四爪，依次逐节接身。其三百斤以内者，用径尺阔砧安顿炉旁，当其两端皆红，掀去炉炭，铁包木棍夹持上砧。若千斤内外者，则架木为棚，多人立其上共持铁链，两接锚身，其末皆带巨铁圈链套，提起捩转，咸力锤合。合药不用黄泥，先取陈久壁土筛细，一人频撒接口之中，浑合方无微罅。盖炉锤之中，此物最巨者。

针：凡针先锤铁为细条，用铁尺一根锥成线眼，抽过条铁成线，逐寸剪断为针。先鎈其末成颖，用小槌敲扁其本，钢锥穿鼻，复鎈其外。然后入釜慢火炒熬。炒后以土末入松木火矢、豆豉三物掩盖，下用火蒸。留针二三口插于其外以试火候。其外针入手捻成粉碎，则其下针火候皆足。然后开封，入水健之。凡引线成衣与刺绣者，其质皆刚。惟马尾刺工为冠者，则用柳条软针。分别之妙，在于水火健法云。

10－6　治铜

凡红铜升黄而后熔化造器，用砒升者为白铜器，工费倍难，侈者事之。凡黄铜原从炉甘石升者，不退火性受锤。从倭铅升者，出炉退火性，以受冷锤。凡响铜入锡参和**法具《五金》卷**成乐器者，必圆成无焊。其余方圆用器，走焊、炙火黏合，用锡末者为小焊，用响铜末者为大焊**碎铜为末，用饭黏合打，入水洗去饭，铜末具存，不然则撒散。**若焊银器则用红铜末。

凡锤乐器，锤钲俗名锣不事先铸，熔团即锤。镯**俗名铜鼓**与丁宁，则先铸成圆片然后受锤。凡锤钲、镯皆铺团于地面。巨者众共挥力，由小阔开，就身起弦声，俱从冷锤点发。其铜鼓中间突起隆泡，而后冷锤开声。声分雄与雌，则在分厘起伏之妙。重数锤者其声为雄。凡铜经锤之后，色成哑白，受鑢复现黄光。经锤折耗，铁损其十者，铜只去其一。气腥而色美，故锤工亦贵重铁工一等云。

陶埏 第十一

宋子曰，水火既济而土合。万室之国，日勤一人而不足，民用亦繁矣哉。上栋下室以避风雨，而瓴建焉。王公设险以守其国，而城垣、雉堞，寇来不可上矣。泥瓮坚而醴酒欲清，瓦登洁而醯醢以荐。商周之际，俎豆以木为之，毋以质重之思耶。后世方土效灵，人工表异，陶成雅器，有素肌、玉骨之象焉。掩映几筵，文明可掬。岂终固哉！

11-1 瓦

凡埏泥造瓦，掘地二尺余，择取无沙黏土而为之。百里之内必产合用土色，供人居室之用。凡民居瓦形皆四合分片。先以圆桶为模骨，外画四条界。调践熟泥，叠成高长方条。然后用铁线弦弓，线上空三分，以尺限定，向泥(dūn)平戛一片，似揭纸而起，周包圆桶之上。待其稍干，脱模而出，自然裂为四片。凡瓦大小若无定式，大者纵横八、九寸，小者缩十之三。室宇合沟中，则必需其最大者，名曰沟瓦，能承受淫雨不溢漏也。

凡坯既成，干燥之后则堆积窑中，燃薪举火。或一昼夜或二昼夜，视窑中多少为熄火久暂。浇水转釉音右与造砖同法。其垂于檐端者有“滴水”，下于脊沿者有“云瓦”，瓦掩覆脊者有“抱同”，镇脊两头者有鸟兽诸形象。皆人工逐一作成，载于窑内，受水火而成器则一也。

若皇家宫殿所用，大异于是。其制为琉璃瓦者，或为板片，或为宛筒，以圆竹与斫木为模，逐片成造。其土必取于太平府舟运三千里方达京师。参沙之伪，雇役、掳船之扰，害不可极。即承天皇陵，亦取于此，无人议正造成，先装入琉璃窑内，每柴五千斤烧瓦百片。取出成色，以无名异、棕榈毛等煎汁涂染成绿，黛赭石、松香、蒲草等涂染成黄。再入别窑，减杀薪火，逼成琉璃宝色。外省亲王殿与仙佛宫观间亦为之，但色料各有配合，采取不必尽同。民居则有禁也。

11－2　砖

凡埏泥造砖，亦掘地验辨土色，或蓝或白，或红或黄，闽产多红泥，蓝者名“善泥”，江浙居多皆以粘而不散，粉而不沙者为上。汲水滋土，人逐数牛错趾，踏成稠泥。然后填满木框之中，铁线弓戛平其面，而成坯形。

凡郡邑城雉、民居垣墙所用者，有眠砖、侧砖两色。眠砖方长条，砌城郭与民人饶富家，不惜工费，直叠而上。民居算计者，则一眠之上施侧砖一路，填土砾其中以实之，盖省啬之义也。凡墙砖而外，甃地者名曰方墁砖。榱桷上用以承瓦者曰楻板砖。圆鞠小桥梁与圭门与窀穸墓穴者曰刀砖，又曰鞠砖。凡刀砖削狭一偏面，相靠挤紧，上砌成圆。车马践压不能损陷。造方墁砖，泥入方框中，平板盖面，两人足立其上，研转而坚固之，烧成效用。石工磨斫四沿，然后甃地。刀砖之值视墙砖稍溢一分，楻板砖则积十以当墙砖之一，方墁砖则一以敌墙砖之十也。

凡砖成坯之后，装入窑中。所装百钧则火力一昼夜，二百钧则倍时而足。凡烧砖有柴薪窑，有煤炭窑。用薪者出火成青黑色，用煤者出火成白色。凡柴薪窑巅上侧凿三孔以出烟。火足止薪之候，泥固塞其孔，然后使水转釉。凡火候少一两，则釉色不光。少三两则名嫩火砖，本色杂现，他日经霜冒雪则立成解散，仍还土质。火候多一两则砖面有裂纹。多三两则砖形缩小拆裂，屈曲不伸，击之如碎铁然，不适于用。巧用者以之埋藏土内为墙脚，则亦有砖之用也。凡观火候，从窑门透视内壁，土受火精，形神摇荡，若金银熔化之极然，陶长辨之。

凡转釉之法，窑巅作一平田样，四围稍弦起，灌水其上。砖瓦百钧用水四十石。水神透入土膜之下，与火意相感而成。水火既济，其质千秋矣。若煤炭窑视柴窑深欲倍之，其上圆鞠渐小，并不封顶。其内以煤造成尺五径阔饼，每煤一层，隔砖一层，苇薪垫地发火。若皇家居所用砖，其大者厂在临清，工部分司主之。初名色有副砖、券砖、平身砖、望板砖、斧刃砖、方砖之类，后革去半。运至京师，每漕舫搭四十块，民舟半之。又细料方砖以甃正殿者，则由苏州造解。其琉璃砖色料已载《瓦》款。取薪台基厂，烧由黑窑云。

11－3 罂、瓮

凡陶家为缶属，其类百千。大者缸瓮，中者钵盂，小者瓶罐，款制各从方土，悉数之不能。造此者必为圆而不方之器。试土寻泥之后，仍制陶车旋盘。工夫精熟者视器大小掐泥，不甚增多少。两人扶泥旋转，一掐而就。其朝廷所用龙凤缸窑在真定曲阳与扬州仪真与南直花缸，则厚积其泥，以俟雕镂，作法全不相同。故其值或百倍，或五十倍也。

凡罂缶有耳嘴者皆另为合上，以釉水涂沾。陶器皆有底，无底者则陕西炊甑用瓦不用木也。凡诸陶器精者中外皆过釉，粗者或釉其半体。惟沙盆、齿钵之类，其中不釉，存其粗涩以受研擂之功。沙锅、沙罐不釉，利于透火性以熟烹也。凡釉质料随地而生，江浙、闽、广用者蕨蓝草一味。其草乃居民供灶之薪，长不过三尺，枝叶似杉木，勒而不棘人。其名数十，各地不同。陶家取来燃灰，布袋灌水澄滤，去其粗者，取其绝细。每灰二碗参以红土泥水一碗，搅令极匀，蘸涂坯上，烧出自成光色。北方未详用何物。苏州黄罐釉亦别有料。惟上用龙凤器则仍用松香与无名异也。

凡瓶窑烧小器，缸窑烧大器。山西、浙江各分缸窑、瓶窑，余省则合一处为之。凡造敞口缸，旋成两截，接合处以木椎内外打紧。匝口坛、瓮亦两截，接内不便用椎，预于别窑烧成瓦圈，如金刚圈形，托印其内，外以木椎打紧，土性自合。

缸窑、瓶窑不于平地，必于斜阜山冈之上，延长者或二、三十丈，短者亦十余丈,连接为数十窑,皆一窑高一级。盖依傍山势,所以驱流水湿滋之患,而火气又循级透上。其数十方成陶者,其中若无重值物,合并众力、众资而为之也。其窑鞠成之后,上铺覆以绝细土,厚三寸许。窑隔五尺许,则透烟窗,窑门两边相向而开。装物以至小器,装载头一低窑;绝大缸瓮装在最末尾高窑。发火先从头一低窑起,两人对面交看火色。大抵陶器一百三十斤费薪百斤。火候足时,掩闭其门,然后次发第二火,以次结竟至尾云。

11－4　白瓷附:青瓷

凡白土曰垩土,为陶家精美器用。中国出惟五、六处,北则真定州、平凉华亭、太原平定、开封禹州,南则泉郡德化、土出永定,窑在德化徽郡婺源、祁门他处白土陶范不粘,或以扫壁为墁。德化窑惟以烧造瓷仙、精巧人物、玩器,不适实用。真、开等郡瓷窑所出,色或黄滞无宝光。合并数郡,不敌江西饶郡产。浙省处州丽水、龙泉两邑烧造过釉杯碗,青黑如漆,名曰处窑。宋、元时龙泉琉华山下有章氏造窑,出款贵重,古董行所谓哥窑器者即此。

若夫中华四裔驰名猎取者,皆饶郡浮梁景德镇之产也。此镇从古及今为烧器地,然不产白土。土出婺源、祁门二山。一名高梁山,出粳米土,其性坚硬。一名开化山,出糯米土,其性粢软。两土和合,瓷器方成。其土作成方块,小舟运至镇。造器者将两土等分入臼舂一日,然后入缸水澄。其上浮者为细料,倾跌过一缸。其下沉底者为粗料。细料缸中再取上浮者,倾过为最细料,沉底者为中料。既澄之后,以砖砌长方塘,逼靠火窑,以借火力。倾所澄之泥于中吸干,然后重用清水调和造坯。

凡造瓷坯有两种,一曰印器,如方圆不等瓶、瓮、炉、盒之类,御器则有瓷屏风、烛台之类。先以黄泥塑成模印,或两破或两截,亦或囫囵,然后埏白泥印成,以釉水涂合其缝,烧出时自圆成无隙。一曰圆器,凡大小亿万杯、盘之类,乃生人日用必需。造者居十九,而印器则十一。造此器坯先制陶车。车竖直木一根,埋三尺入土内,使之安稳。上高二尺许,上下列圆盘,盘沿以短竹棍拨运旋转,盘顶正中用檀木刻成盔头帽其上。

凡造杯、盘无有定形模式，以两手捧泥盔帽之上，旋盘使转。拇指剪去甲，按定泥底，就大指薄旋而上，即成一杯碗之形初学者任从作废，破坏取泥再造。功多业熟，即千万如出一范。凡盔帽上造小坯者，不必加泥，造中盘、大碗则增泥大其帽，使干燥而后受功。凡手指旋成坯后，覆转用盔帽一印，微晒留滋润，又一印，晒成极白干。入水一汶，漉上盔帽，过利刀二次过刀时手脉微振，烧出即成雀口。然后补整碎缺，就车上旋转打圈。圈后，或画或书字，画后喷水数口，然后过釉。

凡为碎器与千钟粟与褐色杯等，不用青料。欲为碎器，利刀过后，日晒极热，入清水一蘸而起，烧出自成裂纹。千钟粟则釉浆捷点，褐色[杯]则老茶叶煎水一抹也。古碎器，日本国极珍贵，真者不惜千金。古香炉碎器不知何代造，底有铁钉，其钉掩光色不锈。

凡饶镇白瓷釉，用小港嘴泥浆和桃竹叶灰调成，似清泔汁泉郡瓷仙用松毛水调泥浆。处郡青瓷釉未详所出盛于缸内。凡诸器过釉，先荡其内，外边用指一蘸涂弦，自然流遍。凡画碗青料总一味无名异漆匠煎油，亦用以收火色。此物不生深土，浮生地面。深者挖下三尺即止，各直省皆有之。亦辨认上料、中料、下料，用时先将炭火丛红煅过。上者出火成翠毛色，中者微青，下者近土褐。上者每斤煅出只得七两，中、下者以次缩减。如上品细料器及御器龙凤[缸]等，皆以上料画成。故其价每石值银二十四两，中者半之，下者则十之三而已。

凡饶镇所用，以衢、信两郡山中者为上料，名曰浙料。上高诸邑者为中，丰城诸处者为下也。凡使料煅过之后，以乳钵极研其钵底留粗，不转釉，然后调画水。调研时色如皂，入火则成青碧色。凡将碎器为紫霞色杯者，用胭脂打湿，将铁线纽一兜络，盛碎器其中，炭火炙热，然后以湿胭脂一抹即成。凡宣红器乃烧成之后出火，另施工巧微炙而成者，非世上朱砂能留红质于火内也。宣红元末已失传，正德中历试复造出。

凡瓷器经画过釉之后，装入匣钵装时手拿微重，后日烧出即成坳口，不复周正。钵以粗泥造，其中一泥饼托一器，底空处以沙实之。大器一匣装一个，小器十余共一匣钵。钵佳者装烧十余度，劣者一、二次即坏。凡匣钵装器入窑，然后举火。其窑上空十二圆眼，名曰天窗。火以十二时辰为足。先发门火十个时，火力从下攻上。然后天窗掷柴烧两时，火力从上透下。器在火中，其软如绵絮。以铁叉取一以验火候之足。辨认真足，然后绝薪止火，共计一杯工力，过手七十二方克成器，其中微细节目尚不能尽也。

窑变、回青：正德中，内使监造御器。时宣红失传不成，身家俱丧。一人跃入自焚，托梦他人造出，竞传窑变，好异者遂妄传烧出鹿、象诸异物也。又回青乃西域大青，美者亦名佛头青。上料无名异出火似之，非大青能入洪炉存本色也。

燔石　第十二

宋子曰，五行之内，土为万物之母。子之贵者岂惟五金哉！金与火相守而流，功用谓莫尚焉矣。石得燔而咸功，盖愈出而愈奇焉。水浸淫而败物，有隙必攻，所谓不遗丝发者。调和一物以为外拒，漂海则冲洋澜，粘甃则固城雉。不烦历候远涉，而至宝得焉。燔石之功，殆莫与之京矣。至于矾现五色之形，硫为群石之将，皆变化于烈火。巧极丹铅炉火。方士纵焦劳唇舌，何尝肖像天工之万一哉！

12－1　石灰、蛎灰

石灰：凡石灰经火焚炼为用。成质之后，入水永劫不坏。亿万舟楫，亿万垣墙，窒缝防淫是必由之。百里内外，土中必生可燔石。石以青色为上，黄白次之。石必掩土内二、三尺，掘取受燔，土面见风者不用。燔灰火料，煤炭居十九，薪炭居十一。先取煤炭、泥，和做成饼。每煤饼一层，垒石一层，铺薪其底，灼火燔之。最佳者曰矿灰，最恶者曰窑滓灰。火力到后，烧酥石性，置于风中，久自吹化成粉。急用者以水沃之，亦自解散。

凡灰用以固舟缝，则桐油、鱼油调，厚绢、细罗和油杵千下塞艌。用以砌墙、石，则筛去石块，水调黏合。甃墁则仍用油、灰。用以垩墙壁，则澄过，入纸筋涂墁。用以襄墓及贮水池，则灰一分入河沙、黄土三分，用糯米粳、杨桃藤汁和匀，轻筑坚固，永不隳坏，名曰三和土。其余造淀、造纸，功用难以枚举。凡温、台、闽、广海滨，石不堪灰者，则天生蛎蚝以代之。

蛎灰：凡海滨石山旁水处，咸浪积压，生出蛎房，闽中曰蚝房。经年久者长成数丈，阔则数亩，崎岖如石假山形象。蛤之类压入岩中，久则消化作肉团，名曰蛎黄，味极珍美。凡燔蛎灰者，执锥与凿，濡足取来药铺所货牡蛎，即此碎块，垒煤架火燔成，与前石灰共法。粘砌城墙、桥梁，调和桐油造舟，功[用]皆相同。有误以蚬灰即蛤粉为蛎灰者，不格物之故也。

12－2 煤炭

凡煤炭普天皆生，以供煅炼金、石之用。南方秃山无草木者，下即有煤，北方勿论。煤有三种，有明煤、碎煤、末煤。明煤块大如斗许，燕、齐、秦、晋生之。不用风箱鼓扇，以木炭少许引燃，炽达昼夜。其旁夹带碎屑，则用洁净黄土调水作饼而烧之。碎煤有两种，多生吴、楚。炎高者曰饭炭，用以炊烹。炎平者曰铁炭，用以冶煅。入炉先用水沃湿，必用鼓鞴后红，以次增添而用。末煤如面者，名曰自来风。泥水调成饼，入于炉内。既灼之后，与明煤相同，经昼夜不灭。半供炊爨，半供熔铜、化石、升朱。至于燔石为灰与矾、硫，则三煤皆可用也。

凡取煤经历久者，从土面能辨有无之色，然后掘挖。深至五丈许，方始得煤。初见煤端时，毒气灼人。有将巨竹凿去中节，尖锐其末，插入炭中，其毒烟从竹中透上。人从其下施䦆拾取者。或一井而下，炭纵横广有，则随其左右阔取。其上支板，以防压崩耳。

凡煤炭取空而后，以土填实其井。经二、三十年后，其下煤复生长，取之不尽。其底及四周石卵，土人名曰铜炭者，取出烧皂矾与硫黄详后款。凡石卵单取硫黄者，其气薰甚，名曰臭煤。燕京房山、固安，湖广荆州等处间亦有之。凡煤炭经焚而后，质随火神化去，总无灰滓。盖金与土石之间，造化别现此种云。凡煤炭不生茂草盛木之乡，以见天心之妙。其炊爨功用所不及者，唯结腐一种而已结豆腐者，用煤炉则焦苦。

12－3　矾石、白矾

凡矾燔石而成。白矾一种亦所在有之，最盛者山西晋、南直无为等州。价值低廉，与寒水石相仿。然煎水极沸，投矾化之，以之染物，则固结肤膜之间，外水永不入。故制糖饯与染画纸、红纸者需之。其末干撒，又能治浸淫恶水，故湿创家亦急需之也。

凡白矾，掘土取磊块石，层垒煤炭饼煅炼，如烧石灰样。火候已足，冷定入水。煎水极沸时，盘中有溅溢，如物飞出，俗名蝴蝶矾者，则矾成矣。煎浓之后，入水缸内澄。其上隆结曰吊矾，洁白异常。其沉下者曰缸矾，轻虚如绵絮者曰柳絮矾。烧汁至尽，白如雪者谓之巴石。方药家煅过用者曰枯矾云。

12－4　青矾、红矾、黄矾、胆矾

青矾：凡皂、红、黄矾，皆出一种而成，变化其质。取煤炭外矿石俗名铜炭子，每五百斤入炉，炉内用煤炭饼[即]自来风，不用鼓鞴者千余斤，周围包裹此石。炉外砌筑土墙圈围，炉颠空一圆孔，如茶碗口大，透炎直上，孔旁以矾滓厚掩。此滓不知起自何世，欲作新炉者，非旧滓掩盖则不成。然后从底发火，此火度经十日方熄。其孔眼时有金色光直上取硫，详后款。

红矾：煅经十日后，冷定取出。半酥杂碎者另拣出，名曰时矾，为煎矾红用。其中精粹如矿灰形者，取入缸中浸三小时，漉入釜中煎炼。每水十石，煎至一石，火候方足。煎干之后，上结者皆佳好皂矾，下者为矾滓后炉用此盖。此皂矾染家必需用，中国煎者亦唯五、六所。原石五百斤，成皂矾二百斤，[此]其大端也。其拣出时矾俗又名鸡屎矾，每斤入黄土四两，入罐熬炼，则成矾红，圬墁及油漆家用之。

黄矾：其黄矾所出又奇甚。乃即炼皂矾炉侧土墙，春夏经受火石精气，至霜降、立冬之交，冷静之时，其墙上自然爆出此种，如淮北砖墙生焰硝样。刮取下来，名曰黄矾，染家用之。金色浅者涂炙，立成紫赤也。其黄矾自外国来，打破中有金丝者，名曰波斯矾，别是一种。

胆矾：又山、陕烧取硫黄山上，其滓弃地二、三年后，雨水浸淋，精液流入沟麓之中，自然结成皂矾。取而货用，不假煎炼。其中色佳者，人取以混石胆云。石胆一名胆矾者，亦出晋、隰等州，乃山石穴中自结成者，故绿色带宝光。烧铁器淬于胆矾水中，即成铜色也。本草载矾虽五种，并未分别原委。其昆仑矾状如黑泥，铁矾状如赤石脂者，皆西域产也。

12-5 **硫黄**

凡硫黄乃烧石承液而结就。著书者误以焚石为矾石，遂有矾液之说。然烧取硫黄[之]石，半出特生白石，半出煤矿烧矾石，此矾液之说所由混也。又言中国有温泉处必有硫黄，今东海、广南产硫黄处又无温泉，此因温泉水气似硫黄，故意度言之也。

凡烧硫黄石，与煤矿石同形。掘取其石，用煤炭饼包裹丛架，外筑土作炉。炭与石皆载千斤于内，炉上用烧硫旧滓掩盖，中顶隆起，透一圆孔其中。火力到时，孔内透出黄焰金光。先放陶家烧一钵盂，其盂当中隆起，边弦卷成鱼袋样，覆于孔上。石精感受火神，化出黄光飞走，遇盂掩住，不能上飞，则化成液汁靠着盂底，其液流入弦袋之中。其弦又透小眼，流入冷道灰槽小池，则凝结而成硫黄矣。

其炭煤矿石烧取皂矾者，当其黄光上走时，仍用此法掩盖，以取硫黄。得硫一斤，则减去皂矾三十余斤。其矾精华已结硫黄，则枯滓遂为弃物。凡火药，硫为纯阳，硝为纯阴，两精逼合，成声成变，此乾坤幻出神物也。硫黄不产北狄，或产而不知炼取亦不可知。至奇炮出于西洋与红夷，则东徂西数万里，皆产硫之地也。其琉球土硫黄、广南水硫黄，皆误记也。

12-6 **砒石**

凡烧砒霜质料，似土而坚，似石而碎，穴土数尺而取之。江西信郡、河南信阳州皆有砒井，故名信石。近则出产独盛衡阳，一厂有造至万钧者。凡砒石井中，其上常有绿浊水，先绞水尽，然后下凿。砒有红、白两种，各因所出原石色烧成。

凡烧砒，下鞠土窑，纳石其上，上砌曲突，以铁釜倒悬覆突口。其下灼炭举火，其烟气从曲突内熏贴釜上。度其已贴一层，厚结寸许，下复熄火。待前烟冷定，又举次火，熏贴如前。一釜之内数层已满，然后提下，毁釜而取砒。故今砒底有铁沙，即破釜滓也。凡白砒止此一法。红砒则分金炉内银铜恼气有闪成者。

凡烧砒时，立者必于上风十余丈外。下风所近，草木皆死。烧砒之人经两载即改徙，否则须发尽落。此物生人食过分厘立死。然每岁千万金钱速售不滞者，以晋地菽、麦必用拌种，且驱田中黄鼠害。宁、绍郡稻田必用蘸秧根，则丰收也。不然，火药与染铜需用能几何哉！

下　卷

杀青　第十三

宋子曰，物象精华、乾坤微妙，古传今而华达夷，使后起含生目授而心识之，承载者以何物哉？君与臣通，师将弟命，凭借呫呫口语，其与几何？持寸符、握半卷，终事诠旨，风行而冰释焉。覆载之间之借有楮先生也，圣顽咸嘉赖之矣。身为竹骨与木皮，杀其青而白乃见，万卷百家，基从此起，其精在于此，而其粗效于障风、护物之间。事已开于上古，而使汉、晋时人擅名记者，何其陋哉。

13－1　纸料

凡纸质用楮树一名榖树皮与桑穰、芙蓉膜等诸物者为皮纸。用竹麻者为竹纸。精者极其洁白，供书文、印文、柬、启用。粗者为火纸、包裹纸。所谓杀青，以斩竹得名，汗青以煮沥得名，简即已成纸名，乃煮竹成简。后人遂疑削竹片以纪事，而又误疑“韦编”为皮条穿竹札也。秦火未经时，书籍繁甚，削竹能藏几何？如西番用贝树造成纸叶，中华又疑以贝叶书经典。不知树叶离根即焦，与削竹同一可哂也。

13－2　造竹纸

凡造竹纸，事出南方，而闽省独专其盛。当笋生之后，看视山窝深浅，其竹以将生枝叶者为上料。节届芒种则登山砍伐。截断五、七尺长，就于本山开塘一口，注水其中漂浸。恐塘水有涸时，则用竹枧通引，不断瀑流注入。浸至百日之外，加工槌洗，洗去粗壳与青皮是名杀青。其中竹穰形同苎麻样。用上好石灰化汁涂浆，入楻桶下煮，火以八日八夜为率。

凡煮竹，下锅用径四尺者，锅上泥与石灰捏弦，高阔如广中煮盐牢盆样，中可载水十余石。上盖楻桶，其围丈五尺，其径四尺余。盖定受煮，八日已足。歇火一日，揭楻取出竹麻，入清水漂塘之内洗净。其塘底面、四维皆用木板合缝砌完，以防泥污造粗纸者，不须为此洗净，用柴灰浆过，再入釜中，其中按平，平铺稻草灰寸许。桶内水滚沸，即取出别桶之中，仍以灰汁淋下。倘水冷，烧滚再淋。如是十余日，自然臭烂。取出入臼受舂山国皆有水碓。舂至形同泥面，倾入槽内。

凡抄纸槽，上合方斗，尺寸阔狭，槽视帘，帘视纸。竹麻已成，槽内清水浸浮其面三寸许，入纸药水汁于其中，形同桃竹叶，方语无定名则水干自成洁白。凡抄纸帘，用刮磨绝细竹丝编成。展卷张开时，下有纵横架框。两手持帘入水，荡起竹麻入于帘内。厚薄由人手法，轻荡则薄，重荡则厚。竹料浮帘之顷，水从四际淋下槽内。然后覆帘，落纸于板上，叠积千万张。数满则上以板压，俏绳入棍，如榨酒法，使水气净尽流干。然后以轻细铜镊逐张揭起焙干。凡焙纸，先以土砖砌成夹巷，下以砖盖巷地面，数块以往即空一砖。火薪从头穴烧发，火气从砖隙透巷，外砖尽热，湿纸逐张贴上焙干，揭起成帙。

近世阔幅者名大四连，一时书文贵重。其废纸洗去朱墨、污秽，浸烂入槽再造，全省从前煮浸之力，依然成纸，耗亦不多。南方竹贱之国，不以为然。北方即寸条片角在地，随手拾起再造，名曰还魂纸。竹与皮、精与粗，皆同之也。若火纸、糙纸，斩竹煮麻、灰浆水淋，皆同前法。唯脱帘之后不用烘焙。压水去湿，日晒成干而已。

盛唐时鬼神事繁，以纸钱代焚帛北方用切条名曰板钱，故造此者名曰火纸。荆楚近俗有一焚侈至千斤者。此纸十七供冥烧，十三供日用。其最粗而厚者名曰包裹纸，则竹麻和宿田晚稻稿所为也。若铅山诸邑所造柬纸，则全用细竹料厚质荡成，以射重价。最上者曰官柬，富贵之家通刺用之。其纸敦厚而无筋膜，染红为吉柬，则以白矾水染过，后上红花汁云。

13-3 造皮纸

凡楮树取皮，于春末、夏初剥取。树已老者，就根伐去，以土盖之。来年再长新条，其皮更美。凡皮纸，楮皮六十斤，仍入绝嫩竹麻四十斤，同塘漂浸，同用石灰浆涂，入釜煮糜。近法省啬者，皮、竹十七而外，或入宿田稻秆十三，用药得方，仍成洁白。凡皮料坚固纸，其纵文扯断如绵丝，故曰绵纸。衡断且费力。其最上一等供用大内糊窗格者，曰棂纱纸。此纸自广信郡造，长过七尺，阔过四尺。五色颜料，先滴色汁槽内和成，不由后染。其次曰连四纸，连四中最白者曰红上纸。皮、竹与稻稿掺和而成料者，曰揭帖呈文纸。

芙蓉等皮造者，统曰小皮纸，在江西则曰中夹纸。河南所造，未详何草木为质，北供帝京，产亦甚广。又桑皮造者曰桑穰纸，极其敦厚。东浙所产，三吴收蚕种者必用之。凡糊雨伞与油扇，皆用小皮纸。凡造皮纸长阔者，其盛水槽甚宽。巨帘非一人手力所胜，两人对举荡成。若棂纱[纸]则数人方胜其任。凡皮纸供用画幅，先用矾水荡过，则毛茨不起。纸以逼帘者为正面，盖料即成泥浮其上者，粗意犹存也。

朝鲜白硾纸不知用何质料。倭国有造纸不用帘抄者，煮料成糜时，以巨阔青石覆于炕面，其下爇火，使石发烧。然后用糊刷蘸糜，薄刷石面，居然倾刻成纸一张，一揭而起。其朝鲜用此法与否，不可得知。中国有用此法者，亦不可得知也。永嘉蠲糨纸亦桑穰造。四川薛涛笺亦芙蓉皮为料煮糜，入芙蓉花末汁。或当时薛涛所指，遂留名至今。其美在色，不在质料也。

丹青 第十四

宋子曰，斯文千古之坠也，注玄尚白，其功孰与京哉？离火红而至黑孕其中，水银白而至红呈其变，造化炉锤，思议何所容也。五章遥降，朱临墨而大号彰。万卷横披，墨得朱而天章焕。文房异宝，珠玉何为？至画工肖像万物，或取本姿，或从配合，而色色咸备焉。夫亦依坎附离，而共呈五行变态，非至神孰能于斯哉？

14－1　朱

凡朱砂、水银、银朱，原同一物。所以异名者，由精粗、老嫩而分也。上好朱砂出辰、锦今名麻阳与西川者，中即孕汞，然不以升炼。盖光明、箭镞、镜面等砂，其价重于水银三倍，故择出为朱砂货鬻。若以升汞，反降贱值。唯粗次朱砂方以升炼水银，而水银又升银朱也。

凡朱砂上品者，穴土十余丈乃得之。始见其苗，磊然白石，谓之朱砂床。近床之砂，有如鸡子大者。其次砂不入药，只为研供画用与升炼水银者。其苗不必白石，其深数丈即得。外床或杂青黄石，或间沙土，土中孕满，则其外沙石自多折裂。此种砂贵州思、印、铜仁等地最繁，而商州、秦州出亦广也。凡次砂取来，其通坑色带白嫩者，则不以研朱，尽以升汞。若砂质即嫩而烁，视欲丹者，则取来时入巨铁碾槽中，轧碎如微尘。然后入缸，注清水澄浸。过三日夜，跌取其上浮者，倾入别缸，名曰二朱。其下沉结者，晒干即名头朱也。

凡升水银，或用嫩白次砂，或用缸中跌出浮面二朱，水和搓成大盘条。每三十斤入一釜内升汞，其下炭质亦用三十斤。凡升汞，上盖一釜，釜当中留一小孔，釜旁盐泥紧固。釜上用铁打成一曲弓溜管，其管用麻绳密缠通梢，仍用盐泥涂固。煅火之时，曲溜一头插入釜中通气插处一丝固密，一头以中罐注水两瓶，插曲溜尾于内，釜中之气达于罐中之水而止。共煅五个时辰，其中砂末尽化成汞，布于满釜。冷定一日，取出扫下。此最妙玄，化全部天机也本草胡乱注：凿地一孔，放碗一个盛水。

凡将水银再升朱用，故名曰银朱。其法或用磬口泥罐，或用上下釜。每水银一斤，入石亭脂即硫黄制造者二斤，同研不见星，炒作青砂头，装于罐内。上用铁盏盖定，盏上压一铁尺。铁线兜底捆缚，盐泥固济口缝，下用三钉插地鼎足盛罐。打火三炷香久，频以废笔蘸水擦盏，则银自成粉，贴于罐上，其贴口者朱更鲜华。冷定揭出，刮扫取用。其石亭脂沉下罐底，可取再用也。每升水银一斤，得朱十四两，次朱三两五钱，出数借硫质而生。

凡升朱与研朱，功用亦相仿。若皇家、贵家画彩，则即用辰、锦丹砂研成者，不用此朱也。凡朱，文房胶成条块，石研则显。若磨于锡砚之上，则立成皂汁。即漆工以鲜物采，唯入桐油调则显，入漆亦晦也。凡水银与朱更无他出，其汞海、草汞之说，无端狂妄，饵食者信之。若水银已升朱，则不可复还为汞，所谓造化之巧已尽也。

14-2 墨

凡墨烧烟凝质而为之。取桐油、清油、猪油烟为者，居十之一。取松烟为者，居十之九。凡造贵重墨者，国朝推重徽郡人。或以载油之艰，遣人僦居荆、襄、辰、沅，就其贱值桐油点烟而归。其墨他日登于纸上，日影横射有红光者，则以紫草汁浸染灯芯而燃炷者也。凡爇油取烟，每油一斤，得上烟一两余。手力捷疾者，一人供事灯盏二百副。若刮取怠缓则烟老，火燃、质料并丧也。其余寻常用墨，则先将松树流去胶香，然后伐木。凡松香有一毫未净尽，其烟造墨终有滓结不解之病。凡松烟流去香，木根凿一小孔，炷灯缓炙，则通身膏液就暖倾流而出也。

凡烧松烟，伐松斩成尺寸，鞠篾为圆屋，如舟中雨篷式，接连十余丈，内外与接口皆以纸及席糊固完成。隔位数节，小孔出烟，其下掩土、砌砖先为通烟道路。燃薪数日，歇冷入中扫刮。凡烧松烟，放火通烟，自头彻尾。靠尾一、二节者为清烟，取入佳墨为料。中节者为混烟，取为时墨料。若近头一、二节，只刮取为烟子，货卖刷印书文家，仍取研细用之。其余则供漆工、垩土之涂玄者。

凡松烟造墨，入水久浸，以浮沉分精悫。其和胶之后，以槌敲多寡分脆坚。其增入珍料与漱金、衔麝，则松烟、油烟增减听人。其余《墨经》、《墨谱》，博物者自详，此不过粗记质料原因而已。

14－3　附：诸色颜料

胡粉：至白色，详《五金》卷。**黄丹**：红黄色，详《五金》卷。**淀花**：至蓝色，详《彰施》卷。**紫粉**：红色，贵重者用胡粉、银朱对和，粗者用染家红花滓汁为之。**大青**：至青色，详《珠玉》卷。**铜绿**：至绿色，黄铜打成板片，醋涂其上，裹藏糠内，微借暖火气，逐日刮取。**石绿**：详《珠玉》卷。**代赭石**：殷红色，处处山中有之，以代郡者为最佳。**石黄**：中黄色，外紫色，石皮内黄，一名石中黄子。

舟车　第十五

宋子曰，人群分而物异产，来往贸迁以成宇宙。若各居而老死，何藉有群类哉？人有贵而必出，行畏周行。物有贱而必须，坐穷负贩。四海之内，南资舟而北资车。梯航万国，能使帝京元气充然。何其始造舟车者不食尸祝之报也？浮海长年，视万顷波如平地，此与列子所谓御泠风者无异。传所称奚仲之流，倘所谓神人者非耶。

15－1　舟

凡舟古名百千，今名亦百千。或以形名如海鳅、江鳊、山梭之类，或以量名载物之数，或以质名各色木料，不可殚述。游海滨者得见洋船，居江湄者得见漕舫。若局趣山国之中，老死平原之地，所见者一叶扁舟、截流乱筏而已。粗载数舟制度，其余可例推云。

15－2　漕舫

凡京师为军民集区，万国水运以供储，漕舫所由兴也。元朝混一，以燕京为大都。南方运道由苏州刘家港、海门黄连沙开洋，直达天津，制度用遮洋船。永乐间因之，以风涛多险，后改漕运。平江伯陈某，始造平底浅船，则今粮船之制也。

凡船制底为地，枋为宫墙，阴阳竹为覆瓦。伏狮[则]前为阀阅，后为寝堂。桅为弓弩,弦篷为翼。橹为车马,纤为履鞋。索为鹰、雕筋骨。招为先锋,舵为指挥主帅,锚为扎军营寨。

粮船初制,底长五丈二尺,其板厚二寸,采巨木,楠为上,栗次之。头长九尺五寸,

梢长九尺五寸。底阔九尺五寸,底头阔六尺,底梢阔五尺。头伏狮阔八尺,梢伏狮阔七尺,梁头一十四座。龙口梁阔一丈,深四尺。使风梁阔一丈四尺,深三尺八寸。后断水梁阔九尺,深四尺五寸。两厫共阔七尺六寸。此其初制,载米可近二千石交兑每只止足五百石。后运军造者私增身长二丈,首尾阔二尺余,其量可受三千石。而运河闸口原阔一丈二尺,差可渡过。凡今官坐船,其制尽同,第窗户之间宽其出径,加以精工彩饰而已。

凡造船先从底起,底面旁靠墙,上承栈[板],下亲地面。隔位列置者曰梁,两旁峻立者曰墙。盖墙巨木曰正枋,枋上曰弦。梁前竖桅位曰锚坛,坛底横木夹桅本者曰地龙。前后维曰伏狮,其下曰拿狮,伏狮下封头木曰连三枋。船头面中缺一方曰水井其下藏缆索等物,头面眉标树两木以系缆者曰将军柱。船尾下斜上者曰草鞋底,后封头下曰短枋,枋下曰挽脚梁。船梢掌舵所居,其上曰野鸡篷使风时,一人坐篷巅,收守篷索。

凡舟身将十丈者,立桅必两。树中桅之位,折中过前二位,头桅又前丈余。粮船中桅,长者以八丈为率,短者缩十分之一、二。其本入窗内亦丈余,悬篷之位约五、六丈。头桅尺寸则不及中桅之半,篷纵横亦不敌三分之一。苏、湖六郡运米,其船多过石瓮桥下,且无江、汉之险,故桅与篷尺寸全杀。若湖广、江西等舟,则过湖冲江,无端风浪,故锚、缆、篷、桅必极尽制度,而后无患。凡风篷尺寸,其则一视全舟横身,过则有患,不及则力软。

凡船篷其质乃析篾成片织就,夹维竹条,逐块折叠,以俟悬挂。粮船中桅篷,合并十人[之]力方克凑顶,头篷则两人带之有余。凡度篷索,先系空中寸圆木关捩于桅巅之上,然后带索腰间,缘木而上,三股交错而度之。凡风篷之力,其末一叶敌本三叶,调匀和畅,顺风则绝顶张篷,行疾奔马。若风

力洊至，则以次减下遇风鼓急不下，以钩搭扯，狂甚则只带一两叶而已。

凡风从横来，名曰抢风。顺水行舟则挂篷，[作]“之、玄”游走，或一抢向东，止寸平过，甚至却退数十丈。未及岸时，捩舵转篷，一抢向西。借贷水力兼带风力轧下，则顷刻十余里。或湖水平而不流者，亦可缓轧。若上水舟，则一步不可行也。凡船性随水，若草从风，故制舵障水，使不定向流，舵板一转，一泓从之。

凡舵尺寸与船腹切齐。若长一寸，则遇浅之时船腹已过，其梢尾舵使胶住，设风狂力劲，则寸木为难不可言。舵短一寸，则转运力怯，回头不捷。凡舵力所障水，相应及船头而止。其腹底之下，俨若一派急顺流，故船头不约而正，其机妙不可言。舵上所操柄，名曰关门棒，欲船北，则南向捩转。欲船南，则北向捩转。船身太长而风力横劲，舵力不甚应手，则急下一偏披水板，以抵其势。凡舵用直木一根粮船用者围三尺，长丈余为身，上截衡受棒，下截界开衔口，纳板其中如斧形，铁钉固拴以障水。梢后隆起处，亦名舵楼。

凡铁锚所以沉水系舟。一粮船计用五、六锚，最雄者曰看家锚，重五百斤内外，其余头用两枝，梢用两枝。凡中流遇逆风，不可去又不可泊或业已近岸，其下有石非沙，亦不可泊，惟打锚深处，则下锚沉水底。其所系，缠绕将军柱上。锚爪一遇泥沙，扣底抓住。十分危急，则下看家锚。系此锚者曰“本身”，盖重言之也。或同行前舟阻滞，恐我舟顺势急去，有撞伤之祸，则急下梢锚提住，使不迅速流行。风息开舟，则以云车绞缆，提锚使上。

凡船板合隙缝，以白麻斫絮为筋，钝凿扱入，然后筛过细石灰，和桐油舂杵成团调艌。温、台、闽、广即用蛎灰。凡舟中带篷索，以火麻秸一名大麻綯绞，粗成径寸以外者，即系万钧不绝。若系锚缆，则破析青篾为之。其篾线入釜煮熟，然后纠绞。拽缱亦煮熟篾线绞成，十丈以往，中作圈为接，遇阻碍可以掐断。凡竹性直，篾一线千钧。三峡入川上水舟，不用纠绞缱。即破竹阔寸许者，整条以次接长，名曰火杖。盖沿崖石棱如刃，惧破篾易损也。

凡木色桅用端直杉木，长不足则接，其表铁箍逐寸包围。船窗前道，皆当中空阙，以便树桅。凡树中桅，合并数巨舟承载，其末长缆系表而起。梁与枋墙用楠木、槠木、樟木、榆木、槐木樟木春夏伐者，久则粉蛀。栈板不拘何木。舵杆用榆木、榔木、储木，关木棒用椆木、榔木，橹用杉木、桧木、楸木。此其大端云。

15-3 海舟

凡海舟，元朝与国初运米者曰遮洋浅船，次者曰钻风船即海鳅。所经道里止万里长滩、黑水洋、沙门岛等处，若无大险。与出使琉球、日本及商贾爪哇、笃泥等舶制度[比]，工费不及十分之一。凡遮洋运船制[度]，视漕船长一丈六尺，阔二尺五寸，器具皆同。唯舵杆必用铁力木，艌灰用鱼油和桐油，不知何义。凡外国海舶制度，大同小异。闽、广闽由海澄开洋，广由香山洋船载竹两破排栅，树于两旁以抵浪。登、莱制度又不然。倭国海舶两旁列橹手拦板抵水，人在其中运力。朝鲜制度又不然。

至其首尾各安罗经盘以定方向，中腰大横梁出头数尺，贯插腰舵，则皆同也。腰舵非与梢舵形同，乃阔板斫成刀形插入水中，亦不捩转，盖夹卫扶倾之义。其上仍横柄拴于梁上，而遇浅则提起。有似乎舵，故名腰舵也。凡海舟以竹筒贮淡水数石，度供舟内人两日之需，遇岛又汲。其何国何岛合用何向，针指示昭然，恐非人力所祖。舵工一群主佐，直是识力造到死生浑忘地，非鼓勇之谓也。

15-4 杂舟

江汉课船：身甚狭小而长。上列十余仓，每仓容止一人卧息。首尾共桨六把，小桅篷一座。风涛之中恃有多桨挟持。不遇逆风，一昼夜顺水行四百余里，逆水亦行百余里。国朝盐课，淮、扬数颇多，故设此运银，名曰课船。行人欲速者亦买之。其船南自章、赣，西自荆、襄，达于瓜[埠]、仪[真]而止。

三吴浪船：凡浙西、平江纵横七百里内，尽是深沟，小水湾环，浪船最小者名曰塘船以万亿计。其舟行人贵贱来往，以代马车、扉履。舟即小者，必造窗户堂房，质料多用杉木。人物载其中，不可偏重一石，偏即欹侧，故俗名“天平船”。此舟来往七百里内，或好逸便者径买，北达通、津。只有镇江一横渡，俟风静涉过。又渡青江浦，溯黄河浅水二百里，则入闸河安稳路矣。至长江上流风浪，则没世避而不经也。浪船行力在梢后，巨橹一枝，两三人推轧前走，或持缱。至于风篷，则小席如掌，所不恃也。

浙西西安船：浙西自常山至钱塘八百里，水径入海，不通他道，故此舟自常山、开化、遂安等小河起，钱塘而止，更无他涉。舟制箬篷如卷瓮为上盖。缝布为帆，高可二丈许，绵索张带。初为布帆者，原因钱塘有潮涌，急时易于收下。此亦未然，其费似侈于篾席，总不可晓。

福建清流[船]、梢篷船：其船自光泽、崇安两小河起，达于福州洪塘而止，其下水道皆海矣。清流船以载货物、商客。梢篷[船]制大，差可坐卧，官贵家属用之。其船皆以杉木为地。滩石甚险，破损者其常，遇损则急舣向岸，搬物掩塞。船梢径不用舵，船首列一巨招，捩头使转。每帮五只方行，经一险滩，则四舟之人皆从尾后曳缆，以缓其趋势。长年即寒冬不裹足，以便频濡。风篷竟悬不用云。

四川八橹等船：凡川水源通江、汉，然川船达荆州而止，此下则更舟矣。逆行而上，自夷陵入峡，挽缱者以巨竹破为四片或六片，麻绳约接，名曰火杖。舟中鸣鼓若竞渡，挽人从山石间闻鼓声而威力。中夏至中秋，川水封峡，则断绝行舟数月。过此消退，方通往来。其新滩等数极险处，人与货尽盘岸行半里许，只余空舟上下。其舟制，腹圆而首尾尖狭，所以避滩浪云。

黄河满篷梢：其船自[黄]河入淮，自淮溯汴用之。质用楠木，工价颇优。大小不等，巨者载三千石，小者五百石。下水则首颈之际，横压一梁，巨橹两枝，两旁推轧而下。锚、缆、、篷制与江汉相仿云。

广东黑楼船、盐船：北自南雄，南达会省。下此惠、潮通漳、泉，则由海汊乘海舟矣。黑楼船为官贵所乘，盐船以载货物。舟制两旁可行走。风帆编蒲为之，不挂独竿桅，双柱悬帆，不若中原随转。逆流凭借缱力，则与各省直同功云。

黄河秦船：俗名摆子船，造作多出韩城。巨者载石数万钧，顺流而下，供用淮、徐地面。舟制首尾方阔均等。仓梁平下，不甚隆起。急流顺下，巨橹两旁夹推。来往不凭风力，归舟挽缱多至二十余人，甚有弃舟空返者。

15-5 车

凡车利行平地，古者秦、晋、燕、齐之交，列国战争必用车，故“千乘”、“万乘”之号，起自战国。楚、汉血争而后日辟。南方则水战用舟，陆战用步、马。北膺胡虏，交使铁骑，战车遂无所用之。但今服马驾车以运重载，则今骡车即同彼时战车之义也。

凡骡车之制有四轮者，有双轮者，其上承载支架，皆从轴上穿斗而起。四轮者前后各横轴一根，轴上短柱起架直梁，梁上载[车]箱。马止脱驾之时，其上平整，如居屋安稳之象。若两轮者，马驾行时，马曳其前，则箱地平正。脱马之时，则以短木从地支撑而住，不然则欹卸也。

凡车轮，一曰辕俗名车陀。其大车中毂俗名车脑长一尺五寸见《小戎》朱注，所谓外受辐、中贯轴者。辐计三十片，其内插毂，其外接辅。车轮之中，内集轮、外接辋，圆转一圈者是曰辅也。辋际尽头则曰轮辕也。凡大车脱时，则诸物星散收藏。驾则先上两轴，然后以次间架。凡轼、衡、轸、轭，皆从轴上受基也。

凡四轮大车量可载五十石，骡马多者或十二挂，或十挂，少亦八挂。执鞭掌御者居箱之中，立足高处。前马分为两班战车四马一班，分骖、服。纠黄麻为长索，分系马项，后套总结，收入衡内两旁。掌御者手执长鞭，鞭以麻为绳，长七尺许，竿身亦相等。察视不力者，鞭及其身。箱内用二人踹绳，须识马性与索性者为之。马行太紧，则急起踹绳。否则翻车之祸从此起也。凡车行时，遇前途行人应避者，则掌御者急以声呼，则群马皆止。凡马索总系透衡入箱处，皆以牛皮束缚。《诗经》所谓“胁驱”是也。

凡大车饲马，不入肆舍。车上载有柳盘，解索而野食之。乘车人上下皆缘小梯。凡遇桥梁中高边下者，则十马之中，择一最强力者，系于车后。当其下坂，则九马从前缓曳，一马从后竭力抓住，以杀其驰趋之势，不然则险道也。凡大车行程，遇河亦止，遇山亦止，遇曲径小道亦止。徐、兖、汴梁之交，或达三百里者，无水之国所以济舟楫之穷也。

凡车质惟先择长者为轴，短者为毂，其木以槐、枣、檀、榆用榔榆为上。檀质太久劳则发烧，有慎用者，合抱枣、槐，其至美也。其余轸、衡、箱、轭，则诸木可为耳。此外，牛车以载刍粮，最盛晋地。路逢隘道，则牛颈系巨铃，名曰“报君知”，犹之骡车群马尽系铃声也。

又北方独辕车，人推其后，驴曳其前，行人不耐骑坐者，则雇觅之。鞠席其上以蔽风日。人必两旁对坐，否则欹倒。此车北上长安、济宁，径达帝京。不载人者，载货约重四、五石而止。其驾牛为轿车者，独盛中州。两旁双轮，中穿一轴，其分寸平如水。横架短衡，列轿其上，人可安坐，脱驾不欹。其南方独轮推车则一人之力是视。容载两石，遇坎即止，最远者止达百里而已。其余难以枚述。但生于南方者不见大车，老于北方者不见巨舰，故粗载之。

佳兵　第十六

宋子曰，兵非圣人之得已也。虞舜在位五十载，而有苗犹弗率。明王圣帝，谁能去兵哉？“弧矢之利，以威天下”，其来尚矣。为老氏者，有葛天之思焉，其词有曰：“佳兵者，不祥之器。”盖言慎也。

火药机械之窍，其先凿自西番与南裔，而后乃及于中国，变幻百出，日盛月新。中国至今日，则即戎者以为第一义，岂其然哉！虽然，生人纵有巧思，乌能至此极也？

16-1　弧、矢

凡造弓以竹与牛角为正中干质，东北夷无竹，以柔木为之，桑枝木为两梢。弛则竹为内体，角护其外。张则角向内，而竹居外。竹一条而角两接，桑弰则其末刻锲以受弦。其本则贯插接笋于竹丫，而光削一面以贴角。

凡造弓先削竹一片，竹宜秋天伐，春夏则朽蛀中腰微亚小，两头差大，约长二尺许。一面粘胶靠角，一面铺置牛筋与胶而固之。牛角当中牙接，固以胶筋。北虏无修长牛角，则以羊角四接而束之。广弓则黄牛明角亦用，不独水牛也。胶外固以桦皮，名曰暖靶。凡桦木关外产辽阳，北土繁生遵化，西陲繁生临洮郡，闽、广、浙亦皆有之。其皮护物，手握如软绵，故弓靶所必用。即刀柄与枪干，亦需用之。其最薄者则为刀剑鞘室也。

凡牛脊梁每只生筋一方条，约重三十两。杀取晒干，复浸水中，析破如苎麻丝。胡虏无蚕丝，弓弦处皆纠合此物为之。中华则以之铺护弓干，与为棉花弹弓弦也。凡胶乃鱼脬、杂肠所为，煎治多属宁国郡，其东海石首鱼，浙中以造白鲞者，取其脬为胶，坚固过于金铁。北虏取海鱼脬煎成，坚固与中华无异，种性则别也。天生数物，缺一良弓不成，非偶然也。

凡造弓初成坯后，安置室中梁阁上，地面勿离火意。促者旬日，多者两月，透干其津液，然后取下磨光。重加筋、胶与漆，则其弓良甚。货弓之家不能俟日足者，则他日解释之患因之。凡弓弦取食柘叶蚕茧，其丝更坚韧。每条用丝线二十余根作骨，然后用线横缠紧约。缠丝分三停，隔七寸许则空一、二分不缠。故弦不张弓时，可折叠三曲而收之。往者北虏弓弦尽以牛筋为质，故夏月雨雾防其解脱，不相侵犯。今则丝弦亦广有之。涂弦或用黄蜡，或不用亦无害也。凡弓两弰系处，或切最厚牛皮，或削柔木为小棋子，钉粘角端，名曰垫弦，义同琴轸。放弦归返时，雄力向内，得此而抗止，不然则受损也。

凡造弓视人力强弱为轻重。上力挽一百二十斤，过此则为虎力，亦不数出。中力减十之二、三，下力及其半。彀满之时，皆能中的。但战阵之上，洞胸彻札，功必归于挽强者。而下力倘能穿杨贯虱，则以巧胜也。凡试弓力，以足踏弦就地，称钩搭挂弓腰，弦满之时，推移秤锤所压，则知多少。其初造料分两，则上力挽强者，角与竹片削就时，约重七两。筋与胶、漆与缠约丝绳约重八钱，此其大略。中力减十分之一、二，下力减十分之二、三也。

凡成弓，藏时最嫌霉湿，霉气先南后北，岭南谷雨时，江南小满，江北六月，燕、齐七月。然淮、扬霉气独盛。将士家或置烘厨、烘箱，日以炭火置其下春秋雾雨皆然，不但霉气。小卒无烘厨，则安顿灶突之上。稍怠不勤，立受朽解之患也。近岁命南方诸省造弓解北，纷纷驳回，不知离火即坏之故，亦无人陈说本章者。

凡箭笴中国南方竹质，北方萑柳质，北虏桦质，随方不一。杆长二尺，镞长一寸，其大端也。凡竹箭削竹四条或三条，以胶黏合，过刀光削而圆成之。漆、丝缠约两头，名曰“三不齐”箭杆。浙与广南有生成箭竹不破合者。柳与桦杆则取彼圆直枝条而为之，微费刮削而成也。凡竹箭其体自直，不用矫揉。木杆则燥时必曲，削造时以数寸之木刻槽一条，名曰“箭端”。将木杆逐寸戛拖而过，其身乃直。即首尾轻重，亦由过端而均停也。

凡箭，其本刻衔口以驾弦，其未受镞。凡镞冶铁为之《禹贡》砮石乃方物，不适用，北虏制如桃叶枪尖，广南黎人矢镞如平面铁铲，中国则三棱锥象也。响箭则以寸木空中锥眼为窍，矢过招风而飞鸣，即《庄子》所谓“嚆矢”也。凡箭行端斜与疾慢，窍妙皆系本端翎羽之上。箭本近衔处，剪翎直贴三条，其长三寸，鼎足安顿，粘以胶，名曰箭羽此胶亦忌霉湿，故将卒勤者，箭亦时以火烘。

羽以雕膀为上雕似鹰而大，尾长翅短，角鹰次之，鸱鹞又次之。南方造箭者，雕无望焉，即鹰、鹞亦难得之货，急用塞数，即以雁翎，甚至鹅翎亦为之矣。凡雕翎箭行疾过鹰、鹞翎[箭]，十余步而端正，能抗风吹。北虏羽箭多出此料。鹰、鹞羽作法精工，亦恍惚焉。若鹅、雁之质，则释放之时，手不应心，而遇风斜窜者多矣。南箭不及北[箭]，由此分也。

16-2　弩、干

弩：凡弩为守营兵器，不利行阵。直者名身，衡者名翼，弩牙发弦者名机。斫木为身，约长二尺许。身之首横拴度翼，其空缺度翼处，去面刻定一分稍后则弦发不应节，去背则不论分数。面上微刻直槽一条以盛箭。其翼以柔木一条为者，名扁担弩，力最雄。或一木之下加以竹片叠承其竹一片短一片，名三撑弩，或五撑、七撑而止。身下截刻锲衔弦，其衔旁活钉牙机，上剔发弦。

上弦之时，唯力是视。一人以脚踏强弩而弦者，《汉书》名曰“蹶张材官”。弦放矢行，其疾无与比数。

凡弩弦以苎麻为质，缠绕以鹅翎，涂以黄蜡。其弦上翼则紧，放下仍松，故鹅翎可扱首尾于绳内。弩箭羽以箬叶为之。析破箭本，衔于其中而缠约之。其射猛兽药箭，则用草乌一味，熬成浓胶，蘸染矢刃。见血一缕则命即绝，人畜同之。凡弓箭强者行二百余步，弩箭最强者五十步而止，即过咫尺不能穿鲁缟矣。然其行疾则十倍于弓，而入物之深亦倍之。

国朝军器[监]造神臂弩、克敌弩，皆并发二矢、三矢者。又有诸葛弩，其上刻直槽，相承函十矢，其翼取最柔木为之。另安机木，随手扳弦而上，发去一矢，槽中又落下一矢，则又扳木上弦而发。机巧虽工，然其力绵甚，所及二十余步而已。此民家防窃具，非军国器。其山人射猛兽者，名曰窝弩，安顿交迹之衢，机旁引线，俟兽过带发而射之。一发所获，一兽而已。

干：凡“干戈”名最古，干与戈相连得名者，后世战卒短兵驰骑者更用之。盖右手执短刀，则左手执干以蔽敌矢。古者车战之上，则有专司执干，并抵同人之受矢者。若双手执长矛与持戟、槊，则无所用之也。凡干长不过三尺，杞柳织成尺径圈，置于项下，上出五寸，亦锐其端，下则轻竿可执。若盾名“中干”，则步卒所持以蔽矢并拒槊者，俗所谓旁牌是也。

16－3　火药料

火药、火器，今时妄想进身博官者，人人张目而道，著书以献，未必尽由试验。然亦粗载数页，附于卷内。凡火药以硝石、硫黄为主，草木灰为辅。硝性至阴，硫性至阳，阴阳两神物相遇于无隙可容之中。其出也，人物膺之，魂散惊而魄齑粉。凡硝性主直，直击者硝九而硫一。硫性主横，爆击者硝七而硫三。其佐使之灰，则青杨、枯杉、桦根、箬叶、蜀葵、毛竹根、茄秸之类，烧使存性，而其中箬叶为最燥也。

凡火攻有毒火、神火、法火、烂火、喷火。毒火以砒、硇砂为君，金汁、银锈、人粪和制。神火以朱砂、雄黄、雌黄为君。烂火以硼砂、瓷末、牙皂、秦椒配合。飞火以朱砂、石黄、轻粉、草乌、巴豆配合。劫营火则用桐油、松香。此其大略。其狼粪烟昼黑夜红，迎风直上，与江豚灰能逆风而炽，皆须试见而后详之。

16-4　硝石、硫黄

硝石：凡硝，华夷皆生，中国专产西北。若东南贩者不给官引，则以为私货而罪之。硝质与盐同母，大地之下潮气蒸成，现于地面。近水而土薄者成盐，近山而土厚者成硝。以其入水即消溶，故名为消。长、淮以北，节过中秋，即居室之中隔日扫地，可取少许以供煎炼。凡硝三所最多，出蜀中者曰川硝，生山西者俗呼盐硝，生山东者俗呼土硝。

凡硝刮扫取时墙中亦或迸出，入缸内水浸一宿，秽杂之物浮于面上，掠取去时，然后入釜注水煎炼。硝化水干，倾于器内，经过一宿即结成硝。其上浮者曰芒硝，芒长者曰马牙硝皆从方产本质幻出，其下猥杂者曰朴硝。欲去杂还纯，再入水煎炼。入莱菔数枚同煮熟，倾入盆中，经宿结成白雪，则呼盆硝。凡制火药，牙硝、盆硝功用皆同。凡取硝制药，少者用新瓦焙，多者用土釜焙，潮气一干，即取研末。凡研硝不以铁碾入石臼，相激火生，则祸不可测。凡硝配定何药分两，入黄同研，木灰则从后增入。凡硝既焙之后，经久潮性复生，使用巨炮多从临期装载也。

硫黄：详见《燔石》章。凡硫黄配硝而后，火药成声。北狄无黄之国空繁硝产，故中国有严禁。凡燃炮，拈硝与木灰为引线，黄不入内，入黄则不透关。凡碾黄难碎，每黄一两和硝一钱同碾，则立成微尘细末也。

16-5　火器

西洋炮：熟铜铸就，圆形若铜鼓。引放时半里之内人马受惊死平地爇引炮有关捩，前行遇坎方止。点引之人反走坠入深坑内，炮声在高头，放者方不丧命。**红夷炮：**铸铁为之，身长丈许，用以守城。中藏铁弹并火药数斗，飞激二里，膺其锋者为齑粉。凡炮爇引内灼时，先往后坐千钧力，其位须墙抵住，墙崩者其常。

大将军、二将军：即红夷之次，在中国为巨物。**佛朗机：**水战舟头用。**三眼铳、**

百子连珠炮。**地雷**：埋伏土中，竹管通引，冲土起击，其身从其炸裂。所谓横击，用黄多者引线用矾油，炮口覆以盆。**混江龙**：漆固皮囊裹炮沉于水底，岸上带索引机。囊中悬吊火石、火镰，索机一动，其中自发。敌舟行过，遇之则败，然此终痴物也。

鸟铳：凡鸟铳长约三尺，铁管载药，嵌盛木棍之中，以便手握。凡锤鸟铳，先以铁挺一条大如箸者为冷骨，裹红铁锤成。先为三接，接口炽红，竭力撞合。合后以四棱钢锥如箸大者，透转其中使极光净，则发药无阻滞。其本身近处，管亦大于末，所以容受火药。每铳约载配硝一钱二分，铅铁弹子二钱。发药不用信引岭南制度，有用引者，孔口通内处露硝分厘，捶熟苎麻点火。左手握铳对敌，右手发铁机逼苎火于硝上，则一发而去。鸟雀遇于三十步内者，羽肉皆粉碎，五十步外方有完形，若百步则铳力竭矣。鸟枪行远过二百步，制方仿佛鸟铳，而身长药多，亦皆倍此也。

万人敌：凡外郡小邑，乘城却敌，有炮力不具者，即有空悬火炮而痴重难使者，则万人敌近制随宜可用，不必拘执一方也。盖硝、黄火力所射，千军万马立时糜烂。其法，用宿干空中泥团，上留小眼，筑实硝黄火药，参入毒火、神火，由人变通增损。贯药安信而后，外以木架匡围。或有即用木桶，而塑泥实其内郭者，其义亦同。若泥团，必用木框，所以防掷投先碎也。敌攻城时，燃灼引信，抛掷城下。火力出腾，八面旋转。旋向内时，则城墙抵住，不伤我兵。旋向外时，则敌人马皆无辜。此为守城第一器。而能通火药之性、火器之方者，聪明由人。作者不上十年，守土者留心可也。

曲糵 第十七

宋子曰，狱讼日繁，酒流生祸，其源则何辜。祀天追远，沉吟《商颂》、《周雅》之间。若作酒醴之资曲糵也，殆圣作而明述矣。惟是五谷菁华变幻，得水而凝，感风而化。供用岐黄者神其名，而坚固食羞者丹其色。君臣自古配合日新，眉寿介而宿痼怯，其功不可殚述。自非炎、黄作祖，末流聪明，乌能竟其术哉！

17-1　**酒母**

凡酿酒，必资曲药成信。无曲即佳米珍黍，空造不成。古来曲造酒，糵造醴。后世厌醴味薄，遂至失传，则并糵法亦亡。凡曲，麦、米、面随方土造，南北不同，其义则一。凡麦曲，大、小麦皆可用。造者将麦连皮井水淘净，晒干，时宜盛暑天。磨碎，即以淘麦水和作块，用楮叶包扎，悬风处，或用稻秸掩黄，经四十九日取用。

造面曲用白面五斤、黄豆五升，以蓼汁煮烂，再用辣蓼末五两、杏仁泥十两，和踏成饼，楮叶包悬，与稻秸掩黄，法亦同前。其用糯米粉与自然蓼汁溲和成饼，生黄收用者，掩法与时日亦无不同也。其入诸般君臣与草药，少者数味，多者百味，则各土各法，亦不可殚述。近代燕京则以薏苡仁为君，入曲造薏酒。浙中宁、绍则以绿豆为君，入曲造豆酒。二酒颇擅天下佳雄。别载《酒经》。

凡造酒母家，生黄未足，视候不勤，盥拭不洁，则疵药数丸动辄败人石米。故市曲之家必信著名闻，而后不负酿者。凡燕、齐黄酒曲药，多从淮郡造成，载于舟车北市。南方曲酒酿出即成红色者，用曲与淮郡所造相同，统名大曲。但淮郡市者打成砖片，而南方则用饼团。其曲一味，蓼身为气脉，而米、麦为质料，但必用已成曲、酒糟为媒合。此糟不知相承起自何代，犹之烧矾之必用旧矾滓云。

17-2　**神曲**

凡造神曲所以入药，乃医家别于酒母者。法起唐时，其曲不通酿用也。造者专用白面，每百斤入青蒿自然汁、马蓼、苍耳自然汁相和作饼，麻叶或楮叶包掩，如造酱黄法。待生黄衣，即晒收之。其用他药配合，则听好医者增入，若无定方也。

17-3　**丹曲**

凡丹曲一种，法出近代。其义臭腐神奇，其法气精变化。世间鱼肉最朽腐物，而此物薄施涂抹，能固其质于炎暑之中，经历旬日，蛆、蝇不敢近，色味不离初，盖奇药也。

凡造法用籼稻米，不拘早、晚。舂杵极其精细，水浸一七日，其气臭恶不可闻，则取入长流河水漂净。必用山河流水，大江者不可用。漂后恶臭犹不可解，入甑蒸饭，则转成香气，其香芬甚。凡蒸此米成饭，初一蒸半生即止，不及其熟。出离釜中，以冷水一沃，气冷再蒸，则令极熟矣。熟后，数石共积一堆拌信。

凡曲信必用绝佳红酒糟为料。每糟一斗，入马蓼自然汁三升，明矾水和化。每曲一石，入信二斤，乘饭热时，数人捷手拌匀，初热拌至冷。候视曲信入饭久复微温，则信至矣。凡饭拌信后，倾入箩内，过矾水一次，然后分散入篾盘，登架乘风。后此风力为政，水火无功。

凡曲饭入盘，每盘约载五升。其屋室宜高大，防瓦上暑气侵迫。室面宜向南，防西晒。一个时中翻拌约三次。候视者七日之中，即坐卧盘架之下，眠不敢安，中宵数起。其初时雪白色，经一、二日成至黄色，黄转褐，褐转代赭，赭转红，红极复转微黄。目击风中变幻，名曰生黄曲。则其价与人物之力皆倍于凡曲也。凡黄色转褐，褐转红，皆过水一度。红则不复入水。凡此造物，曲工盥手与洗净盘簟，皆令极洁。一毫滓秽，则败乃事也。

珠玉　第十八

宋子曰，玉蕴山辉，珠涵水媚，此理诚然乎哉？抑意逆之说也？大凡天地生物，光明者昏浊之反，滋润者枯涩之仇，贵在此则贱在彼矣。合浦、于阗行程相去二万里，珠雄于此，玉峙于彼，无胫而来，以宠爱人寰之中，而辉煌廊庙之上。使中华无端宝藏折节而推上坐焉。岂中国辉山媚水者萃在人身，而天地菁华止有此数哉？

18－1　珠

凡珍珠必产蚌腹，映月成胎，经年最久乃为至宝。其云蛇腹、龙颔、鲛皮有珠者，妄也。凡中国珠必产雷、廉二池。三代以前，淮、扬亦南国地，得珠稍近《禹贡》“淮夷珠”，或后互市之便，非必责其土产也。金采蒲西路，元采杨村直沽口，皆传记相承妄，何尝得珠？至云忽吕古江出珠，则夷地，非中国也。

凡蚌孕珠，乃无质而生质。他物形小，而居水族者，吞噬弘多，寿以不永。蚌乃环包坚甲，无隙可投，即吞腹，囫囵不能消化，故独得百年、千年成就无价之宝也。凡蚌孕珠，即千仞水底，一逢圆月中天，即开甲仰照，取月精以成其魄。中秋月明，则老蚌犹喜甚。若彻晓无云，则随月东升西没，转侧其身而映照之。他海滨无珠者，潮汐震撼，蚌无安身静存之地也。

凡廉州池自乌泥、独揽沙至于青莺，可百八十里。雷州池自对乐岛斜望石城界，可百五十里。蜑户采珠，每岁必以三月，时杀牲祭海神，极其虔诚。蜑户生啖海腥，入水能视水色，知蛟龙所在，则不敢侵犯。凡采珠舶，其制视他舟横阔而圆，多载草荐于上。经过水漩，则掷荐投之，舟乃无恙。舟中以长绳系没人腰，携篮投水。

凡没人以锡造弯环空管，其本缺处对掩没人口鼻，令舒透呼吸于中，别以熟皮包络耳项之际。极深者至四、五百尺，拾蚌篮中。气逼则撼绳，其上急提引上，无命者或葬鱼腹。凡没人出水，煮热毳急覆之，缓则寒栗死。宋朝李招讨设法以铁为构，最后木柱扳口，两角坠石，用麻绳作兜如囊状，绳系舶两旁，乘风扬帆而兜取之。然亦有漂溺之患。今蜑户两法并用之。

凡珠在蚌，如玉在璞。初不识其贵贱，剖取而识之。自五分至一寸五分径者为大品。小平似覆釜，一边光彩微似镀金者，此名珰珠，其值一颗千金矣。古来“明月”、“夜光”即此便是。白昼晴明，檐下看有光一线闪烁不定。“夜光”乃其美号，非真有昏夜放光之珠也。次则走珠，置平底盘中，圆转无定歇，价亦与珰珠相仿。化者之身受含一粒，则不复朽坏，故帝王之家重价购此。次则滑珠，色光而形不甚圆。次则螺蚵珠，次官、雨珠，次税珠，次葱符珠。幼珠如粱粟，常珠如豌豆。琕而碎者曰玑。自夜光至于碎玑，譬均一人身，而王公至于氓隶也。

凡珠止有此数，采取太频，则其生不继。经数十年不采，则蚌乃安其身，繁其子孙而广孕宝质。所谓“珠徙珠还”，此煞定死谱，非真有清官感召也我朝弘治中，一采得二万八千两，万历中一采止得三千两，不偿所费。

18－2 宝

凡宝石皆出井中，西番诸域最盛。中国惟出云南金齿卫与丽江两处。凡宝石自大至小，皆有石床包其外，如玉之有璞。金银必积土其上，蕴结乃成。而宝则不然，从井底直透上空，取日精月华之气而就，故生质有光明。如玉产峻湍，珠孕水底，其义一也。

凡产宝之井，即极深无水，此乾坤派设机关。但其中宝气如雾，氤氲井中，人久食其气多致死。故采宝之人或结十数为群，入井者得其半，而井上众人共得其半也。下井人以长绳系腰，腰带叉口袋两条，及泉近宝石，随手疾拾入袋宝井内不容蛇虫。腰带一巨铃，宝气逼不得过，则急摇其铃。井上人引絙提上。其人即无恙，然已昏矇。止与白滚汤入口解散，三日之内不得进食粮，然后调理平复。其袋内石大者如碗，中者如拳，小者如豆，总不晓其中何等色。付与琢工错解开，然后知其为何等色也。

属红黄种类者，为猫精、靺羯芽、星汉砂、琥珀、木难、酒黄、喇子。猫精黄而微带红。琥珀最贵者名瑿音依，此值黄金五倍价，红而微带黑。然昼见则黑，灯光下则红甚也。木难纯黄色，喇子纯红。前代何妄人，于松树注茯苓，又注琥珀，可笑也。

属青绿种类者，为瑟瑟珠、珇绿、鸦鹘石、空青之类空青既取内质，其膜升打为曾青。至玫瑰一种，如黄豆、绿豆大者，则红、碧、青、黄数色皆具。宝石有玫瑰，如珠之有玑也。星汉砂以上，犹有煮海金丹。此等皆西番产，其间气出，滇中井所无。时人伪造者，唯琥珀易假。高者煮化硫黄，低者以殷红汁料煮入牛羊明角，映照红赤隐然，今亦最易辨认琥珀磨之有浆。至引草，原惑人之说，凡物借人气能引拾轻芥也。自来《本草》陋妄，删去勿使灾木。

18－3　玉

凡玉入中国，贵重用者尽出于阗汉时西国名，后代或名别失八里，或统服赤斤蒙古，定名未详葱岭。所谓蓝田，即葱岭出玉别地名，而后世误以为西安之蓝田也。其岭水发源名阿耨山，至葱岭分界两河，一曰白玉河，一曰绿玉河。后晋人高居诲作《于阗行程记》，载有乌玉河，此节则妄也。

玉璞不藏深土，源泉峻急激映而生。然取者不于所生处，以急湍无着手。俟其夏月水涨，璞随湍流徒，或百里，或二、三百里，取之河中。凡玉映月精光而生，故国人沿河取玉者，多于秋间明月夜，望河候视。玉璞堆积处，其月色倍明亮。凡璞随水流，仍错杂乱石浅流之中，提出辨认而后知也。

白玉河流向东南，绿玉河流向西北。亦力把里地，其地有名望野者，河水多聚玉。其俗以女人赤身没水而取者，云阴气相召，则玉留不逝，易于捞取。此或夷人之愚也夷中不贵此物，更流数百里，途远莫货，则弃而不用。

凡玉唯白与绿两色。绿者中国名菜玉，其赤玉、黄玉之说，皆奇石、琅玕之类。价即不下于玉，然非玉也。凡玉璞根系山石流水。未推出位时，璞中玉软如绵絮，推出位时则已硬，入尘见风则愈硬。谓世间琢磨有软玉，则又非也。凡璞藏玉，其外者曰玉皮，取为砚托之类，其价无几。璞中之玉，有纵横尺余无瑕玷者，古者帝王取以为玺。所谓连城之璧，亦不易得。其纵横五、六寸无瑕者，治以为杯斝，此已当时重宝也。

此外，唯西洋琐里有异玉，平时白色，晴日下看映出红色，阴雨时又为青色，此可谓之玉妖，尚方有之。朝鲜西北太尉山有千年璞，中藏羊脂玉，与葱岭美者无殊异。其他虽有载志，闻见则未经也。凡玉由彼地缠头回其俗，人首一岁裹布一层，老则臃肿之甚，故名缠头回子。其国王亦谨不见发。问其故，则云见发则岁凶荒，可笑之甚，或溯河舟，或驾橐驼，经庄浪入嘉峪，而至于甘州与肃州。中国贩玉者，至此互市得之，东入中华，卸萃燕京。玉工辨璞高下定价，而后琢之良玉虽集京师，工巧则推苏郡。

凡玉初剖时，冶铁为圆盘，以盆水盛沙，足踏圆盘使转，添沙剖玉，逐忽划断。中国解玉沙出顺天[府]玉田与真定、邢台两邑。其沙非出河中，有泉流出精粹如面，借以攻玉，永无耗折。既解之后，别施精巧工夫。得镔铁刀者，则为利器也镔铁亦出西番哈密卫砺石中，剖之乃得。

凡玉器琢余碎，取入钿花用。又碎不堪者，碾筛和泥涂琴瑟。琴有玉声，以此故也。凡镂刻绝细处，难施锥刃者，以蟾蜍添画而后锲之。物理制服，殆不可晓。凡假玉以砆碱充者，如锡之于银，昭然易辨。近则捣舂上料白瓷器，细过微尘，以白蔹诸汁调成为器，干燥玉色烨然，此伪最巧云。

凡珠玉、金银胎性相反。金银受日精，必沉埋深土结成。珠玉、宝石受月华，不受寸土掩盖。宝石在井，上透碧空，珠在重渊，玉在峻滩，但受空明、水色盖上。珠有螺城，螺母居中，龙神守护，人不敢犯。数应入世用者，螺母推出人取。玉初孕处，亦不可得。玉神推徙入河，然后恣取，与珠宫同神异云。

18－4 附：玛瑙、水晶、琉璃

凡**玛瑙**非石非玉，中国产处颇多，种类以十余计。得者多为簪、釦音扣结之类，或为棋子，最大者为屏风及桌面。上品者产宁夏外徼羌地砂碛中，然中国即广有，商贩者亦不远涉也。今京师货者，多是大同、蔚州九空山、宣府四角山所产。有夹胎玛瑙、截子玛瑙、锦江玛瑙，是不一类。而神木、府谷出浆水玛瑙、缠丝玛瑙，随方货鬻，此其大端云。试法以砑木不热者为真。伪者虽易为，然真者值原不甚贵，故不乐售其技也。

凡中国产**水晶**，视玛瑙少杀。今南方用者多福建漳浦产山名铜山，北方用者多宣府黄尖山产，中土用者多河南信阳州黑色者最美与湖广兴国州潘家山产。黑色者产北不产南。其他山穴本有之，而采识未到，与已经采识而官司严禁封闭如广信惧中官开采之类者，尚多也。凡水晶出深山穴内瀑流石罅之中。其水经晶流出，昼夜不断，流出洞门半里许，其面尚如油珠滚沸。凡水晶未离穴时如绵软，见风方坚硬。琢工得宜者，就山穴成粗坯，然后持归加功，省力十倍云。

凡**琉璃石**与中国水精、占城火齐，其类相同，同一精光明透之义。然不产中国，产于西域。其石五色皆具，中华人艳之，遂竭人巧以肖之。于是烧瓴，转釉成黄绿色者，曰琉璃瓦。煎化羊角为盛油与笼烛者，为琉璃碗。合化硝、铅泻珠铜线穿合者，为琉璃灯。捏片为琉璃袋硝用煎炼上结马牙者。各色颜料汁，任从点染。凡为灯、珠，皆淮北、齐地人，以其地产硝之故。

凡硝见火还空，其质本无，而黑铅为重质之物。两物假火为媒，硝欲引铅还空，铅欲留硝住世，和同一釜之中，透出光明形象。此乾坤造化，隐现于容易地面。《天工[开物]》卷末，著而出之。

图书在版编目（CIP）数据

天工开物 / (明) 宋应星著；张平等编. — 上海：
上海教育出版社，2022.11
（中小学生阅读指导书目）
ISBN 978-7-5720-1767-4

Ⅰ. ①天… Ⅱ. ①宋… ②张… Ⅲ. ①农业史－中国－古代②手工业史－中国－古代 Ⅳ. ①N092

中国版本图书馆CIP数据核字(2022)第216888号

总 指 导　庄晓明　李光卫
责任编辑　方鸿辉　徐建飞
封面设计　金一哲

中小学生阅读指导书目
天工开物
[明] 宋应星　著
张平　徐俭　杜淑贤　包霞　编

出版发行　上海教育出版社有限公司
官　　网　www.seph.com.cn
地　　址　上海市闵行区号景路159弄C座
邮　　编　201101
印　　刷　上海商务联西印刷有限公司
开　　本　700×1000　1/16　印张 19.5
字　　数　292 千字
版　　次　2022年11月第1版
印　　次　2022年11月第1次印刷
书　　号　ISBN 978-7-5720-1767-4/G·1620
定　　价　58.00 元